100/QP 830 K92 S

D1867352

Beate Kremin-Buch

Strategisches Kostenmanagement

Beate Kremin-Buch

Strategisches Kostenmanagement

Grundlagen und moderne Instrumente

Mit Fallstudien

3., überarbeitete Auflage

GABLER

Bibliografische Information Der Deutschen Bibliothek
Die Deutsche Bibliothek verzeichnet diese Publikation in der Deutschen Nationalbibliografie; detaillierte bibliografische Daten sind im Internet über <http://dnb.ddb.de> abrufbar.

Prof. Dr. Beate Kremin-Buch lehrt Rechnungswesen und Controlling an der Fachhochschule Ludwigshafen.

1. Auflage 1998

3., überarb. Auflage Februar 2004

Alle Rechte vorbehalten
© Betriebswirtschaftlicher Verlag Dr. Th. Gabler/GWV Fachverlage GmbH, Wiesbaden 2004

Lektorat: Jutta Hauser-Fahr / Walburga Himmel

Der Gabler Verlag ist ein Unternehmen von Springer Science+Business Media
www.gabler.de

Das Werk einschließlich aller seiner Teile ist urheberrechtlich geschützt. Jede Verwertung außerhalb der engen Grenzen des Urheberrechtsgesetzes ist ohne Zustimmung des Verlags unzulässig und strafbar. Das gilt insbesondere für Vervielfältigungen, Übersetzungen, Mikroverfilmungen und die Einspeicherung und Verarbeitung in elektronischen Systemen.

Die Wiedergabe von Gebrauchsnamen, Handelsnamen, Warenbezeichnungen usw. in diesem Werk berechtigt auch ohne besondere Kennzeichnung nicht zu der Annahme, dass solche Namen im Sinne der Warenzeichen- und Markenschutz-Gesetzgebung als frei zu betrachten wären und daher von jedermann benutzt werden dürften.

Umschlaggestaltung: Ulrike Weigel, www.CorporateDesignGroup.de
Druck und Buchbinder: Lengericher Handelsdruckerei, Lengerich/Westf.
Gedruckt auf säurefreiem und chlorfrei gebleichtem Papier
Printed in Germany

ISBN 3-409-32266-3

Ausgeschieden aus der HSB Hof
FH-BIBLIOTHEK HOF 04 | 3218

Vorwort zur dritten Auflage

Das „Strategische Kostenmanagement“ erscheint nunmehr in der dritten Auflage. Wiederum wurde der Text überarbeitet und ergänzt. Außerdem wurden neue Beispiele eingefügt, die dem Leser das Wesen des strategischen Kostenmanagement und das Zusammenspiel seiner Instrumente noch näher bringen sollen.

Bewährt hat sich die homepage

http://www.fh-ludwigshafen.de/kremin-buch,

die in der Rubrik „Aktuelles“ auch über neuere Entwicklungen im Strategischen Kostenmanagement informiert.

Mein besonderer Dank gilt auch diesmal meinem Mann, Prof. Dr. Joachim Buch, und unserem Sohn Oliver Buch. Beide unterstützen und ermutigen mich seit Jahren mit großer Geduld und schenken mir immer dann Zuversicht, wenn ich an meiner Arbeit zu zweifeln beginne.

Selbstverständlich gehen verbliebene Fehler allein zu meinen Lasten. Über Anregungen und Kritik würde ich mich freuen.

Frankfurt, im Januar 2004 Beate Kremin-Buch

Vorwort zur zweiten Auflage

Noch immer bemühen sich Literatur und Praxis um eine fundierte Kombination bzw. Integration der Instrumente des strategischen Kostenmanagement. Insofern hat das vorliegende Buch nichts von seiner Aktualität eingebüßt. Für die zweite Auflage wurde es vollständig überarbeitet. Nicht zuletzt durch das intensive Studium der Studierenden konnten verschiedene Mängel entdeckt und korrigiert werden. Außerdem wurden Texte ergänzt und neue Praxisbeispiele eingearbeitet, die dem Leser die Instrumente des strategischen Kostenmanagement und ihr Zusammenwirken noch deutlicher veranschaulichen sollen.

Um über zukünftige Neuerungen und Entwicklungen zeitnah informieren zu können, wurde auf der homepage http://www.fh-ludwigshafen.de/kremin-buch die Rubrik „Aktuelles" eingerichtet.

Wie immer, gilt auch diesmal mein besonderer Dank meinem Mann. Ohne sein außergewöhnliches Verständnis für mich und meine Arbeit sowie seine weitreichende Unterstützung könnte ich keine Bücher schreiben.

Sollten Fehler verblieben sein, gehen sie selbstverständlich allein zu meinen Lasten. Für Anregungen und Kritik wäre ich dankbar.

Frankfurt, im Mai 2001 Beate Kremin-Buch

Vorwort zur ersten Auflage

Das strategische Kostenmanagement gewinnt gegenüber der traditionellen Kostenrechnung zunehmend an Bedeutung. Bei Durchsicht der Literatur fällt jedoch auf, dass die Instrumente des strategischen Kostenmanagement, insbesondere

- das Fixkostenmanagement,
- die Prozesskostenrechnung,
- das Target Costing,
- das Product Lifecycle Costing,
- das Cost Benchmarking,

häufig isoliert dargestellt werden. Es ist daher ein besonderes Anliegen dieses Lehrbuches, die Instrumente nicht nur prägnant und leicht verständlich mit vielen Zahlenbeispielen zu charakterisieren, sondern darüber hinaus ihren kombinierten Einsatz zu beschreiben. Dazu dienen zahlreiche Fallstudien, die dem Leser die Integration schrittweise verdeutlichen.

Wie immer, gilt mein besonderer Dank meinem Mann, dessen konstruktive Kritik stets den Kern der Sache trifft und der wesentlich zum Gelingen des Buches beigetragen hat. Sollten dennoch Fehler verblieben sein, gehen sie selbstverständlich zu meinen Lasten. Für Anregungen und Kritik wäre ich dankbar.

Frankfurt, im März 1998 Beate Kremin-Buch

Inhaltsverzeichnis

Abbildungsverzeichnis

Abkürzungs- und Symbolverzeichnis

Abb.	Abbildung
abbaub., abb..	abbaubar
abbf.	abbaufähig
ABC	Activity Based Costing
ABS	Anti-Blockiersystem
AG	Aktiengesellschaft
A_t	Auszahlungen am Ende der Periode t
Aufl.	Auflage
B.	Beschaffungsvorgang
BASF	Badische Anilin- und Soda-Fabrik
Bd.	Band
Beob.	Beobachtung
Besch.-Abw.	Beschäftigungsabweichung
Best.	Bestellung
BFuP	Betriebswirtschaftliche Forschung und Praxis
bzw.	beziehungsweise
ca.	circa
DC	Drifting Costs
d.h.	das heißt
EDV	Elektronische Datenverarbeitung
ESP	Elektronisches Stabilitätsprogramm
E_t	Einzahlungen am Ende der Periode t
etc.	et cetera
€	Euro
F.	Funktion
f., ff.	folgende
FEK	Fertigungseinzelkosten

Fert.-Auftr.	Fertigungsauftrag
Fert.-Std., F.-Std.	Fertigungsstunde (n)
FGK	Fertigungsgemeinkosten
Fs.	Fertigungsstufe
F&E	Forschung und Entwicklung
GmbH	Gesellschaft mit beschränkter Haftung
GPKR	Grenzplankostenrechnung
GWA	Gemeinkosten-Wertanalyse
H.	Heft
HP	Hauptprozess
hrsg.	herausgegeben
i	Kalkulationszinsfuß
i.d.R.	in der Regel
i.e.S.	im engeren Sinne
IT	Informationstechnologie
JfB	Journal für Betriebswirtschaft
K	Kapitalwert
km	Kilometer
Komp., K.	Komponente (n)
Kostenstellenrechn.	Kostenstellenrechnung
kW	Kilowatt
l	Liter
LF	Lieferant
LG	Leasing
lmi	leistungsmengeninduziert
lmn	leistungsmengenneutral
m^3	Kubikmeter
Masch.-Std., M.-Std.	Maschinenstunde (n)
m.a.W.	mit anderen Worten
MEK	Materialeinzelkosten

MGK	Materialgemeinkosten
MIS	Management-Informations-System
Mon., M.	Monat (e)
n	Lebenszyklus
Nr.	Nummer
o. ä.	oder ähnliche (s)
P.	Prozess
p.a.	per annum
Pkw	Personenkraftwagen
P.-Nr.	Personalnummer
Pos., P.	Position
QS	Qualitätssicherung
r	Zinssatz beim Kapitalwert von Null
Rep.	Reparatur
ROI	Return on Investment
S.	Seite
Sp.	Spalte
St.	Stück
Σ	Summe
T.	Teil (e)
t	Periodenindex
TDM	Tausend Deutsche Mark
trad.	traditionell
u.a.	unter anderem
USA	United States of Amerika
USP	unique selling proposition
usw.	und so weiter
v.	von
Var.	Variante
var.	variabel

VDI	Verein Deutscher Ingenieure
Verr.-Satz	Verrechnungssatz
Vertr.	Vertrieb
Verw.	Verwaltung
vgl.	vergleiche
Vol.	Volume
W.	Wartung
WiSt	Wirtschaftswissenschaftliches Studium
WISU	Das Wirtschaftsstudium
z.B.	zum Beispiel
ZBB	Zero-Base-Budgeting
ZfB	Zeitschrift für Betriebswirtschaft
zfbf	Zeitschrift für betriebswirtschaftliche Forschung
ZfCM	Zeitschrift für Controlling und Management
ZI	Zielkostenindex
ZS	Zuschlagssatz
$(1+i)^{-t}$	Abzinsungsfaktor

1. Grundlagen des strategischen Kostenmanagement

1.1 Von der Kostenrechnung zum strategischen Kostenmanagement

Betrachtet man die Entwicklung der Kostenrechnung im Zeitablauf, so steht am Anfang die traditionelle Vollkostenrechnung. Wie ihr Name schon sagt, verrechnet die Vollkostenrechnung die vollen Kosten auf die Kostenträger (Endprodukte), d.h. die Einzelkosten sowie den jeweiligen Anteil der Kostenträger an den Gemeinkosten. Unter den Kostenträger-Einzelkosten versteht die Vollkostenrechnung solche Kosten, die sich für die Kostenträger direkt erfassen lassen. Dazu gehören z.B. die Fertigungslöhne, weil sich die zeitliche Beanspruchung der Fertigungskostenstellen durch die Endprodukte erfassen und mit dem entsprechenden Lohnsatz bewerten lässt. Unter den Kostenträger-Gemeinkosten versteht sie solche Kosten, die sich nur für mehrere Kostenträger gemeinsam erfassen lassen. Ein Beispiel für solche Gemeinkosten ist das Gehalt des Meisters in der Fertigung. Der Verrechnung der vollen Kosten auf die Kostenträger liegt das Verursachungsprinzip in folgender Interpretation zu Grunde: Letztlich entstehen alle Kosten im Unternehmen nur deshalb, weil die Kostenträger als Endprodukte am Markt abgesetzt werden. Folglich müssen auch die Kostenträger alle Kosten tragen bzw. müssen alle Kosten auf die Kostenträger verrechnet werden.

Die Verrechnung der vollen Kosten auf die Kostenträger findet sich auch in den Systemen der Plankostenrechnung, nämlich in der starren Plankostenrechnung und der flexiblen Plankostenrechnung auf Vollkostenbasis. Als Systeme der Plankostenrechnung werden alle Verfahren bezeichnet, bei denen für bestimmte Planperioden im Voraus die Verbrauchsmengen und die Preise aller Kostengüter geplant und daraus Plankosten abgeleitet werden.

Im Zeitablauf wurde die Vollkostenrechnung heftig kritisiert. Folgende Kernprobleme wurden erkannt:

1. Willkürliche Verrechnung der Gemeinkosten,
2. Kalkulationsproblem,
3. Proportionalisierung fixer Kosten.

Zu 1. Willkürliche Verrechnung der Gemeinkosten

In der traditionellen Vollkostenrechnung werden Gemeinkosten in mehreren Phasen geschlüsselt:

- In der ersten Phase schlüsselt man im Rahmen der innerbetrieblichen Leistungsverrechnung die Einzelkosten der Hilfskostenstellen – das sind gleichzeitig die Gemeinkosten der Endkostenstellen – auf die Endkostenstellen.
- In der zweiten Phase werden die Kosten der Endkostenstellen – das sind gleichzeitig die Gemeinkosten der Kostenträger – auf die Kostenträger geschlüsselt. So werden z.B. die Materialgemeinkosten auf der Basis der Materialeinzelkosten verteilt.

Jede Schlüsselung von Gemeinkosten ist aber willkürlich, weil es gerade Kennzeichen der Gemeinkosten ist, für mehrere Objekte wie Kostenstellen oder Kostenträger gemeinsam anzufallen. Aus dieser Sicht ist die Schlüsselung von Gemeinkosten generell abzulehen.

Zu 2. Kalkulationsproblem

Bei der Ermittlung von Angebotspreisen nach dem Schema

Vollkosten
+ Gewinnaufschlag
= **Angebotspreis**

wird der Angebotspreis alleine aus den aktuellen Gegebenheiten im Unternehmen abgeleitet. Anders ausgedrückt: Die Nachfrage- und Konkurrenzsituation wird nicht berücksichtigt. Dadurch besteht die Gefahr, dass man sich „aus dem Markt" kalkuliert.

Zu 3. Proportionalisierung fixer Kosten

Fixe Kosten sind Kosten, die von einer Einflussgröße (z.B. der Beschäftigung) unabhängig sind. Variable Kosten sind Kosten, die von einer Einflussgröße (z.B. der Beschäftigung) abhängig sind. Durch die Verrechnung der vollen Kosten auf die Endprodukte werden die Fixkosten proportionalisiert. Dadurch kann es zu Fehlentscheidungen kommen.

Beispiel:

Ein Produkt wird in zwei Varianten hergestellt:

	Variante A	**Variante B**
Menge/Periode	10 000 Stück	8 000 Stück
Preis/Stück	10 €	14 €
Variable Kosten/Stück	5 €	6 €

Die Fixkosten der Periode betragen 108 000 €, d.h. je Stück

108 000 € : 18 000 Stück = 6 €/Stück

Bei Verrechnung der vollen Kosten auf die Endprodukte ergibt sich dann folgende Rechnung:

	A	**B**
Preis/Stück	10 €	14 €
- variable Kosten/Stück	5 €	6 €
- fixe Kosten/Stück	6 €	6 €
= Nettoergebnis/Stück	- 1 €	+ 2 €

Aus dieser Rechnung lässt sich folgende Entscheidung ableiten: Elimination von Variante A, da sie ein Verlustbringer ist. Diese Entscheidung wäre aber eine Fehlentscheidung, wie der Vergleich der Periodenergebnisse mit und ohne Elimination zeigt.

Periodenergebnis mit Elimination von Variante A:

Umsatz	8 000 Stück B x 14 €/Stück =	112 000 €
- variable Kosten	8 000 Stück B x 6 €/Stück =	48 000 €
- Fixkosten		108 000 €
= Verlust		**- 44 000 €**

Periodenergebnis ohne Elimination von Variante A:

Umsatz	8 000 Stück B x 14 €/Stück = 10 000 Stück A x 10 €/Stück =	112 000 € 100 000 €
- variable Kosten	8 000 Stück B x 6 €/Stück = 10 000 Stück A x 5 €/Stück =	48 000 € 50 000 €
- Fixkosten		108 000 €
= Gewinn		**+ 6 000 €**

Erklärung:

Die Elimination von A wäre eine Fehlentscheidung, weil die Variante zwar keinen Nettogewinn/Stück erbringt, aber einen Beitrag zur Deckung der Fixkosten in Höhe von 5 €/Stück bzw. 50 000 €/Periode. Dieser geht bei der Elimination verloren:

Preis/Stück	10 €
- variable Kosten/Stück	5 €
= Beitrag zur Deckung der fixen Kosten/Stück	5 €

10 000 Stück a x 5 €/Stück	
= Beitrag zur Deckung der fixen Kosten/Periode	**50 000 €**

Probe:

Periodenergebnis mit Elimination	- 40 000 €
+ Beitrag zur Deckung der fixen Kosten (Produkt A)	+ 50 000 €
= Periodenergebnis ohne Elimination	+ 6 000 €

Aus der Kritik an der Vollkostenrechnung entwickelten sich verschiedene Teilkostenrechnungen.

Gemeinsames Kennzeichen aller Teilkostenrechnungen ist, dass sie nur Teile der Kosten auf die Kostenträger verrechnen. Der wesentliche Unterschied bei den Teilkostenrechnungen besteht darin, dass sie unterschiedliche Teilkosten auf die Kostenträger verrechnen.

Das amerikanische Direct Costing, die Fixkostendeckungsrechnung sowie die flexible Plankostenrechnung auf Teilkostenbasis (Grenzplankostenrechnung) verrechnen als Teilkosten die variablen Kosten. Dabei ermitteln das Direct Costing und die Fixkostendeckungsrechnung die variablen Kosten auf Grund des Abhängigkeitsverhaltens gegenüber einer Bezugsgröße – der Beschäftigung. Dagegen ermittelt die flexible Plankostenrechnung auf Teilkostenbasis die variablen Kosten anhand eines komplexen Bezugsgrößensystems, das alle wesentlichen Kosteneinflussgrößen erfasst. Hinter der Zurechnung der variablen Kosten auf die Kostenträger steht wiederum das Verursachungsprinzip, allerdings in einer anderen Interpretation als in der traditionellen Vollkostenrechnung. Danach verursachen die Kostenträger nur die Kosten, die sich ändern, wenn sich die Herstellung der Kostenträger mengenmäßig ändert – und das sind die variablen Kosten. Folglich sind auf die Kostenträger auch nur die variablen Kosten zu verrechnen.

Dagegen spielt die Differenzierung in fixe und variable Kosten bei der Einzelkosten- und Deckungsbeitragsrechnung nach Riebel (1990) nur eine untergeordnete Rolle. Sie verrechnet als Teilkosten auf die Kostenträger nur die Einzelkosten der Kostenträger. Einzel- und Gemeinkosten werden hierbei aber anders interpretiert als in der klassischen Vollkostenrechnung. Die klassische Vollkostenrechnung spricht von Kostenträger-Einzelkosten, wenn sich Kosten für einen Kostenträger direkt erfassen lassen. Die Einzelkosten- und Deckungsbeitragsrechnung spricht davon abweichend dann von Kostenträger-Einzelkosten, wenn sich Kosten nach dem Identitätsprinzip dem Kostenträger direkt zurechnen lassen. Das Identitätsprinzip konkretisiert das Verursachungsprinzip. Es besagt, dass nur solche Kosten und Kostenträger einander gegenüberzustellen sind, die auf einen identischen dispositiven Ursprung (auf eine identische Entscheidung) zurückzuführen sind. Gemeinkosten der Kostenträger sind entsprechend solche Kosten, die sich nach dem Identitätsprinzip nicht einem Kostenträger alleine, sondern nur mehreren Kostenträgern gemeinsam zurechnen lassen.

Kostenträger-Einzelkosten nach der Einzelkosten- und Deckungsbeitragsrechnung können variable Kosten der Kostenträger sein, müssen es aber nicht. So werden z.B. in der flexiblen Plankostenrechnung auf Teilkostenbasis Fertigungszeitlöhne als variable Kosten der Kostenträger angesehen. Dagegen sind sie in der Einzelkosten- und Deckungsbeitragsrechnung Kostenträger-Gemeinkosten, weil sie auf Grund von zeitbezogenen Arbeitsverträgen gezahlt werden und nicht zusätzlich mit einem Kostenträger anfallen.

Gleichgültig, welche Teile der Kosten die unterschiedlichen Teilkostenrechnungen auf die Kostenträger verrechnen, nennt sich die Differenz zwischen den Preisen/Stück und den Teilkosten/Stück stets

- **Deckungsbeitrag/Stück,**

bzw. zwischen den Erlösen/Periode und den Teilkosten/Periode stets

- **Deckungsbeitrag/Periode.**

Dadurch soll zum Ausdruck kommen, dass kein Nettogewinn, sondern nur ein Beitrag zur Deckung der Kosten erwirtschaftet wurde, die bei der Ermittlung der Deckungsbeiträge noch nicht berücksichtigt wurden. Zum Periodenergebnis kommt man, indem man von dem Deckungsbeitrag/Periode die noch nicht berücksichtigten Kosten absetzt.

Die Diskussion in der Kostenrechnung wurde lange Zeit von der grundsätzlichen Frage bestimmt, ob die Verrechnung der variablen Kosten oder der Einzelkosten nach dem Identitiätsprinzip auf die Kostenträger zu den richtigen Kosteninformationen führt. Dann aber kam eine ganz anders gelagerte Kritik sowohl an der klassischen Vollkostenrechnung, als auch an den gebräuchlichen Teilkostenrechnungen auf. Ihnen wurde vorgeworfen, für viele aktuelle – insbesondere strategische – Fragestellungen keine relevanten Kosteninformationen liefern zu können. Der Grund hierfür sei darin zu sehen, dass sie in den zwanziger bis fünfziger Jahren zur Lösung von Problemen konzipiert worden seien, die sich wesentlich von den heutigen Problemen unterscheiden.

Damals war die starre Massenproduktion mit wenigen Varianten vorherrschend, die Produkte hatten im Markt einen relativ langen Lebenszyklus, die Unternehmen waren sehr arbeitsteilig und stark hierarchisch organisiert. In der Kostenstruktur dominierten die direkten Kosten. Direkte Kosten sind die Kosten solcher Bereiche, die direkt an der Leistungserstellung beteiligt sind (z.B. Fertigungskostenstellen). Heute sieht alles grundlegend anders aus. Flexibilität und Variantenvielfalt sind trotz hoher Automatisierung vorherrschend, die Produktlebensdauer sinkt rapide, überall strebt man flache Organisationsstrukturen an, die Arbeitsteilung wird dabei rückgängig gemacht. Die Technologiesprünge werden immer größer. Die Internationalisierung der Märkte schreitet fort und führt auf den meisten angestammten Märkten tendenziell zu einem sinkenden Preisniveau und damit sinkenden Deckungsbeiträgen. Marktflexibilität und Wettbewerbsdynamik sind nur zwei Charakteristika des strategischen Handlungsbedarfs heutiger Unternehmen. Fragen nach Kosten- und Ergebnisauswirkungen von neuen Varianten, Qualitätsveränderungen und Durchlaufzeitverkürzungen erhalten falsche Antworten, weil die Kostenrechnung auf sie nicht vorbereitet ist. Vorbereitende, planende, steuernde, überwachende und koordinierende Tätigkeiten in Forschung und Entwicklung, Beschaffung, Logistik, Arbeitsvorbereitung und Programmierung, Produktionsplanung und -steuerung, Instandhaltung, Qualitätssicherung, Auftragsabwicklung, Vertrieb, Rechnungswesen etc. gewinnen im Vergleich zur eigentlichen Produktionsaufgabe immer mehr an Gewicht.

- Entsprechend weisen die Kosten der indirekten – d.h. der nicht direkt an der Leistungserstellung beteiligten – Bereiche hohe Steigerungen auf. So hat sich z.B. in deutschen Industrieunternehmen der Anteil der Vertriebs- und Verwaltungsgemeinkosten an den Gesamtkosten von früher 15% auf heute 30% verdoppelt (vgl. Remer, 1996, S. 17).
- Gleichzeitig sinken die Kosten der direkten Bereiche, z.B. weil die fortschreitenden automatisierten Produktionstechnologien zu einer kontinuierlichen Abnahme der Fertigungslöhne führen. So ist in deutschen Industrieunternehmen der Anteil der Fertigungslöhne an den Gesamtkosten von früher 45% auf heute 10% gesunken (vgl. Remer, 1996, S. 17).

Zusammenfassend kann man sagen, dass heute die fixen Gemeinkosten ein deutliches Übergewicht in der Kostenstruktur haben. In manchen Unternehmen sind die direkten variablen Kosten bereits eine eher vernachlässigbare Größe geworden. Die übliche Kostenrechnung kann hier keine relevanten Informationen – z.B. im Hinblick auf Kostensenkungspotenziale – bereitstellen, weil sie primär auf den direkten Bereich der Produktion ausgerichtet ist. Vor diesem Hintergrund haben sich die Anforderungen an die Kostenrechnung wesentlich erweitert und zur Entwicklung des strategischen Kostenmanagement geführt.

Unter strategischem Kostenmanagement versteht man Strategien und Maßnahmen sowie Instrumente, um die Kosten vorteilhaft zu gestalten (vgl. Männel, 1992, S. 289).

Im Vordergrund steht also nicht mehr so sehr die richtige Kostenerfassung bzw. Kostenzuordnung, sondern vielmehr die (frühzeitige) Kostenbeeinflussung. Das heißt nicht, dass das strategische Kostenmanagement die übliche Kostenrechnung überflüssig macht. Vielmehr ergänzt es die Kostenrechnung, da die Informationsbedürfnisse im operativen und strategischen Management verschieden sind. Die üblichen Kostenrechnungen beginnen erst in der Produktionsphase mit der Steuerung und Kontrolle der Kosten, indem sie z.B. die Herstell- oder die Selbstkosten ermitteln. Im Gegensatz dazu bezieht sich das strategische Kostenmanagement auf alle wertbildenden Aktivitäten in der Wertschöpfungskette (Value Chain).

Unter Wertschöpfung versteht man die von einem Unternehmen in einer Periode erbrachte Eigenleistung (Mehrwert). Sie ergibt sich aus der Differenz der Leistung eines Unternehmens und den von ihm bezogenen Vorleistungen früherer Produktionsstufen (= Entstehung der Wertschöpfung) (vgl. Abb. 1).

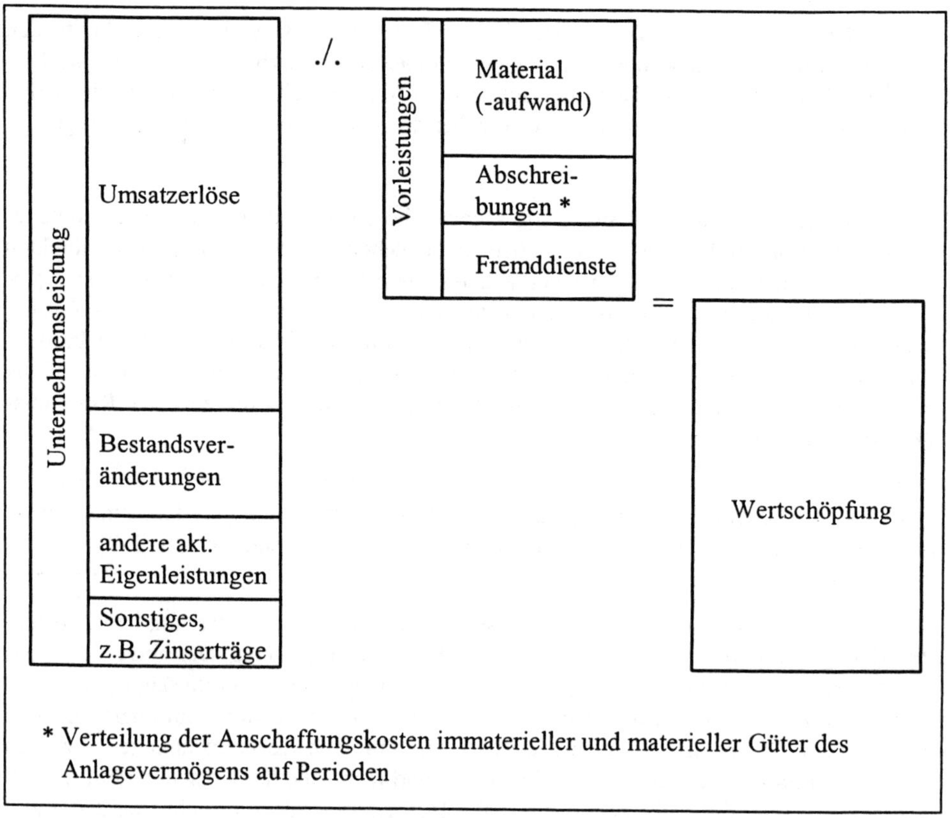

Abb. 1: Entstehung der Wertschöpfung

Die Wertschöpfung steht den am Wertschöpfungsprozess Beteiligten (= Anspruchsgruppen) in Form von Einkommen zu (= Verwendung der Wertschöpfung) (vgl. Abb. 2).

Wertschöpfung	Arbeitseinkommen (Löhne und Gehälter, Sozialversicherung, betriebliche Altersversorgung)	Mitarbeiter
	Zinsen	Gläubiger
	Gewinn	Staat (Steuern)
		Eigentümer (Dividende)
		Unternehmen (Rücklagen)

Abb. 2: Verwendung der Werschöpfung

Die Wertschöpfung ist die am ehesten geeignete Kennzahl, um die Größe von Unternehmen mit unterschiedlicher Produktionstiefe oder Kapitalintensität oder mit sehr verschiedenen Tätigkeiten zu messen (vgl. Busse von Colbe, 1984, S. 570). Problematisch ist allerdings die Periodisierung (Wertschöpfung ist die Eigenleistung **in einer Periode**), insbesondere bei der Bemessung der Abschreibungen (vgl. Busse von Colbe, 1984, S. 570). Deshalb wird häufig empfohlen, die Wertschöpfung vor Abschreibungen (= Bruttowertschöpfung) und die Wertschöpfung nach Abschreibungen (= Nettowertschöpfung) anzugeben.

Nachfolgend wird die Entstehung und Verwendung der Wertschöpfung bei der Friatec AG (Keramik- und Kunststoffwerke), Mannheim, als Praxisbeispiel wiedergegeben (vgl. Friatec AG, 2003) (vgl. Abb. 3).

Entstehung der Wertschöpfung (in T€)		
	2002	2001
Umsatzerlöse	171 956	192 372
Bestandsveränderungen	./. 3 564	950
Andere aktivierte Eigenleistungen	0	12
Gesamtleistung	168 392	193 334
Sonstige betriebliche Erträge	13 032	7 142
Erträge aus Beteiligungen		48
Sonstige Zinsen und ähnliche Erträge	2 753	3 343
Vorleistungen:		
■ Materialaufwand	62 347	72 601
■ Sonstige Aufwendungen	27 342	31 815
Bruttowertschöpfung (Wertschöpfung vor Abschreibungen)	**94 488**	**99 451**
■ Abschreibungen	8 582	11 821
Nettowertschöpfung (Wertschöpfung nach Abschreibungen)	**85 906**	**87 630**
Verwendung der Wertschöpfung (in T€)		
Nettowertschöpfung	**85 906**	**87 630**
davon an:		
■ Mitarbeiter	70 255	77 144
■ Öffentliche Hand	1 733	828
■ Darlehensgeber	584	335
■ Aktionäre	12 117	8 385
■ Unternehmen	1 217	938

Abb. 3: Entstehung und Verwendung der Wertschöpfung bei der Friatec AG

Die Wertschöpfungskette umfasst alle Aktivitäten, die zur Wertschöpfung beitragen sollen (vgl. dazu Abb. 4).

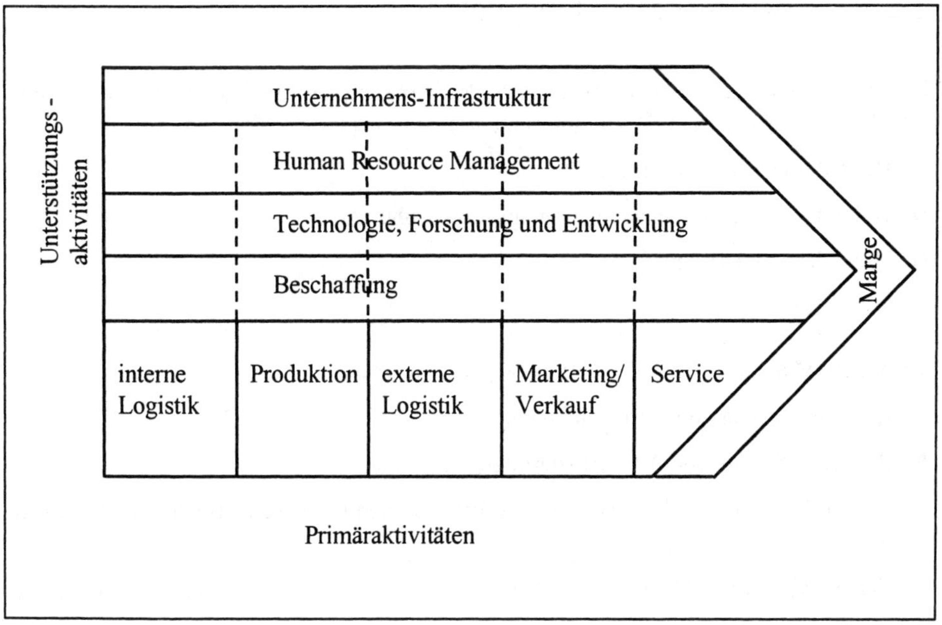

Abb. 4: Wertschöpfungskette nach Porter

Da empirische Studien belegen, dass die Herstellkosten von Produkten zu 70-80% in der Entwicklungs- und Konstruktionsphase determiniert werden und das strategische Kostenmanagement vor allem auf eine umfassende und frühzeitige Beeinflussung der Kosten zielt, sind insbesondere die Aktivitäten in Forschung und Entwicklung in der Wertschöpfungskette Ansatzpunkte für das strategische Kostenmanagement.

Es gibt mehrere Möglichkeiten zur Beeinflussung von Kosten. Dazu gehören vor allem (vgl. dazu Reiß/Corsten 1992, S. 1480-1489):

- die Beeinflussung des Kostenniveaus im Rahmen eines Kostenniveau-Management,
- das Aufzeigen des Kostenverlaufs im Rahmen eines Kostenverlauf-Management,
- die Beeinflussung der Kostenstrukturen im Rahmen eines Kostenstruktur-Management.

1.2 Management zur Beeinflussung der Kosten

1.2.1 Kostenniveau-Management

Ziel des Kostenniveau-Management ist die Reduzierung des allgemeinen Kostenniveaus, d.h. der Höhe der Kosten. Dazu gibt es mehrere Ansatzpunkte. Man kann versuchen, die

- Höhe der Gesamtkosten,
- Höhe der Kosten in einzelnen Organisationseinheiten,
- Höhe der Stückkosten

zu reduzieren.

Geeignete Maßnahmen zur Reduktion des Kostenniveaus sind z.B.

- die Reduzierung von Durchlaufzeiten,
- das Ausschöpfen von Automatisierungspotenzialen,
- die Verlagerung der Hauptverwaltung bzw. betrieblicher Teilbereiche (kostengünstigere Standorte),
- der Abschluss von Dienstleistungsverträgen für innerbetriebliche Serviceleistungen,
- die Vermeidung von Doppelarbeit,
- das betriebliche Vorschlagswesen,
- Entscheidungen zwischen Eigenfertigung und Fremdbezug unter Kostenaspekten (Outsourcing).

Zu den Instrumenten, die das strategische Kostenmanagement im Hinblick auf eine Senkung des Kostenniveaus bereitstellt, gehören insbesondere

- die Prozesskostenrechnung, die Kostensenkungen in den indirekten Bereichen erzielen will,
- das Target Costing, das explizit die Stückkosten senken will,
- das Product Lifecycle Costing, das die Lebenszykluskosten minimieren will,
- das Cost Benchmarking, das für jeden der Ansatzpunkte zur Reduzierung der Kosten eingesetzt werden kann.

Ältere Instrumente, die zur Reduktion der Kosten eingesetzt werden können, sind z.B.:

- das Zero-Base-Budgeting (ZBB),
- die Gemeinkosten-Wertanalyse (GWA).

Zero-Base-Budgeting wird zur Planung von Gemeinkosten in den Unternehmen eingesetzt. Grundidee ist dabei, geplante Tätigkeiten mit Hilfe von Kosten-Nutzen-Analysen jeweils „from base zero" aus zu rechtfertigen, d.h. als würde das Unternehmen erst gegründet. (Zum Zero-Base-Budgeting vgl. z.B. Dreyfack/Seibel, 1978).

Ziel der **Gemeinkosten-Wertanalyse** ist es, die Gemeinkosten ohne Verlust von Nutzen zu senken. Das bedeutet, dass die Leistungsempfänger im Unternehmen nach wie vor mit den benötigten innerbetrieblichen Leistungen versorgt werden sollen – aber zu geringeren Kosten. Das soll durch den Abbau nicht notwendiger Leistungen und durch rationellere Leistungserstellung erreicht werden. (Zur Gemeinkosten-Wertanalyse vgl. z.B. Huber, 1987).

Zero-Base-Budgeting und Gemeinkosten-Wertanalyse unterscheiden sich in der Art des Vorgehens.

1.2.2 Kostenverlauf-Management

Gestaltungsobjekt dieses Management sind die Kostenverläufe, insbesondere das Kostenverhalten in Abhängigkeit von der Beschäftigung. Dabei lassen sich proportionale, progressive und degressive Kostenverläufe unterscheiden.

Ziel des Kostenverlauf-Management ist es, das Kostenverhalten durch die Realisierung von Degressionseffekten vorteilhaft zu gestalten. Z.B. lassen sich Fixkostendegressionen durch ein wirkungsvolles Kapazitätsauslastungsmanagement dadurch erreichen, dass man

- Leerzeiten minimiert,
- Nutzungsgradprämien vorgibt,
- die Betriebszeiten der Anlagen ausdehnt,
- die Arbeitszeit flexibilisiert.

Fixkostendegressionen sind vorteilhaft, weil dadurch der Deckungsbedarf/Stück sinkt.

In engem Zusammenhang mit dem Kostenverhalten stehen die Komplexitätskosten (vgl. dazu Männel, 1992, S. 290). Unter Komplexitätskosten versteht man Mehrkosten, die entstehen, weil Produkt-, Varianten-, Kunden-, Auftrags-, Materialvielfalt usw. zu einer Leistungskomplexität führen.

Zu den Instrumenten, die das strategische Kostenmanagement zur vorteilhaften Gestaltung des Kostenverlaufs bzw. der Komplexitätskosten bereitstellt, gehören insbesondere

- das Fixkostenmanagement,
- die Prozesskostenrechnung.

Weitere Instrumente des Kostenverlauf-Management sind z.B.

- kurzfristige Kostenanalysen,
- mehrperiodige Kostenvergleiche,
- das Erfahrungskurvenkonzept.

1.2.3 Kostenstruktur-Management

Unter einer Kostenstruktur versteht man die Zusammensetzung der Kosten aus unterschiedlichen Kostenblöcken, -kategorien bzw. -arten.

Ziel des Kostenstruktur-Management ist die vorteilhafte Gestaltung der Kostenstrukturen, insbesondere die vorteilhaft Gestaltung des Verhältnisses von

- fixen und variablen Kosten,
- Einzel- und Gemeinkosten.

Häufig werden Einzelkosten und variable Kosten sowie Gemeinkosten und fixe Kosten einfach gleichgesetzt. Das ist nicht ganz richtig, weil der Unterscheidung unterschiedliche Kriterien zu Grunde liegen. Der Unterscheidung in fixe und variable Kosten liegt die Frage zu Grunde, wie sich die Kosten in Abhängigkeit von einer Kosteneinflussgröße (z.B. der Ausbringungsmenge) verhalten. Dagegen basiert die Differenzierung in Einzel- und Gemeinkosten darauf, ob sich Kosten für einzelne Bezugsobjekte (z.B. einen Kostenträger) oder nur für mehrere Bezugsobjekte gemeinsam erfassen lassen. Grundsätzlich kann man von folgendem Zusammenhang ausgehen:

- Einzelkosten sind gleichzeitig variable Kosten.

  Traditionell werden als Beispiel für variable Einzelkosten die Kosten für Material genannt, das in einen Kostenträger eingeht.

- Gemeinkosten können sowohl fixe, als auch variable Kosten sein.

  Das übliche Beispiel für fixe Gemeinkosten sind Gehälter. Ein Beispiel für variable Gemeinkosten sind Werkzeugkosten.

Die Kostenstrukturen werden immer schwieriger „beherrschbar“, weil die Anteile der fixen Kosten sowie der Gemeinkosten an den Gesamtkosten ständig steigen. So lässt sich z.B. die klassische Vorstellung, Fertigungslöhne seien variabel, schon lange nicht mehr halten. Denn Fertigungslöhne müssen auf Grund von Arbeitsverträgen unabhängig von der Ausbringung bezahlt werden. Und auch die Materialkosten als weiteres klassisches variables Kostenelement müssen dem Block fixer Kosten zugerechnet werden, wenn das Unternehmen mit Vorlieferanten relativ starre Lieferverträge mit genau terminierten Abnahmezeitpunkten und -mengen abgeschlossen hat (vgl. Fröhling/Weis, 1992, S. 136). Die Zunahme fixer Kosten muss aber nicht immer negativ sein. So können Fixkosten zugleich Elastizitäts- bzw. Flexibilitätskosten darstellen (vgl. dazu Fröhling/Weis, 1992, S. 137). Das ergibt sich daraus, dass sich Unternehmen mit der Beschaffung von fixkostenintensiven Potenzialen in der Regel Flexibilitätsvorteile kaufen. So kann z.B. ein flexibles Fertigungssystem relativ schnell auf die Produktionserfordernisse eines neuen Produkts umgestellt werden. Weitere Gründe für den Anstieg der fixen Kosten sind z.B.:

- Ersatz von Arbeitskräften durch Maschinen (Tendenz zur Mechanisierung, Maschinisierung und Automatisierung),
- Erhöhung der fixen Lohnkosten durch die Sozialgesetzgebung oder die Erhöhung freiwilliger sozialer Leistungen.

Die jüngere Wirtschaftspolitik zeigt allerdings, dass sich der Staat mittlerweile bemüht, die Fixkosten der Unternehmen zu senken bzw. Abbauhemmnisse fixer Kosten zu verringern. Damit soll sichergestellt werden, dass die Unternehmen der Bundesrepublik Deutschland wettbewerbsfähig bleiben. So wird insbesondere versucht, die Lohnnebenkosten zu senken. Zum 1.10.1996 wurde eine 80 %ige Lohnfortzahlung im Krankheitsfall gesetzlich gestattet, wobei die Unternehmen und Gewerkschaften über die Einführung selbst verhandeln (Tarifautonomie). Oder es wird darüber diskutiert, das Urlaubs- bzw. das Weihnachtsgeld drastisch zu senken. Weitere Maßnahmen zur Senkung der fixen Kosten sind z.B.

- der Ersatz zeitabhängiger Entgelte durch ergebnisabhängige Entgelte,
- das Anordnen unbezahlten Urlaubs bei Auslastungsproblemen.

Auch der Anteil der Gemeinkosten an den Gesamtkosten steigt ständig, insbesondere dadurch, dass die eigentliche Produktionsaufgabe im Vergleich zu den Aktivitäten in den indirekten Bereichen immer mehr in den Hintergrund gerät. Darüber hinaus tragen zum Anstieg der Gemeinkosten bei (vgl. Freimuth, 1987, S. 98)

- die Erstellung unnötiger Leistungen,
- ein zu hoher Perfektionsgrad bei der Leistungserstellung,
- Doppelarbeit,
- bürokratische Abläufe.

Sowohl fixe Kosten als auch Gemeinkosten haben mehr oder weniger große zeitliche Dimensionen. Diese zeitlichen Dimensionen resultieren z.B. aus Bindungen, die von den Unternehmen aus rechtlichen, technischen oder organisatorischen Gründen eingegangen wurden. So wird z.B. ein Versicherungsvertrag über eine bestimmte Mindestlaufzeit abgeschlossen, die die zeitliche Dimension der zugehörigen Prämienzahlungen darstellt. Die zeitlichen Dimensionen spielen bei der Beherrschung dieser Kosten eine besondere Rolle, weil sie die Abbaubarkeit der Kosten einschränken bzw. nur zu bestimmten Zeitpunkten – den Dispostionszeitpunkten – möglich machen. Die meisten Kostenrechnungen ignorieren die zeitlichen Dimensionen von Fixkosten und Gemeinkosten. Das erkennt man z.B. daran, dass diese Kosten periodisiert werden, d.h. „mit der Rücksichtslosigkeit einer Guillotine" (Rieger, 1928, S. 210) zerschnitten und zeitanteilig den jeweiligen Perioden zugeordnet werden. Eine Ausnahme davon stellt die Einzelkosten- und Deckungsbeitragsrechnung nach Riebel dar, in der der Abbildung der zeitlichen Dimensionen von Kosten und deren Beeinflussungsmöglichkeiten breiter Raum gewidmet wird (vgl. dazu Riebel, z.B. 1989).

Das strategische Kostenmanagement stellt insbesondere die Instrumente

- Fixkostenmanagement,
- Prozesskostenrechnung,
- Target Costing,
- Product Lifecycle Costing,
- Cost Benchmarking

bereit, um die Kostenstruktur eines Unternehmens vorteilhaft zu gestalten.

2. Instrumente des strategischen Kostenmanagement

2.1 Fixkostenmanagement

2.1.1 Zielsetzungen

Zielsetzungen des Fixkostenmanagement sind die

- Erhöhung der Fixkostentransparenz,
- vorteilhafte Gestaltung des Fixkostenblocks.

Grundlage für ein erfolgreiches Fixkostenmanagement ist eine entsprechend differenzierte Kostenrechnung, die neben den reinen Kosteninformationen weitere Informationen bereitstellt. Dazu gehören z.B. Informationen über (vgl. dazu z.B. Koch, 1986, S. 54):

- Eingegangene Bindungsdauern bei Verträgen

  Unter einer Bindungsdauer versteht man den „Zeitraum, für den ein Unternehmen vertraglich oder gesetzlich fest an bestimmte Ausgaben, Auszahlungen bzw. Kosten, Lieferungen oder Leistungen gegenüber seinen Partnern oder dem Staat gebunden ist oder für den es Anspruch auf bestimmte Erlöse (Einzahlungen) oder Lieferungen oder Leistungen (Überlassung von Nutzungspotenzialen) hat. Verlängert sich die vertragliche Bindung, wenn nicht fristgerecht gekündigt wird, automatisch um einen bestimmten Zeitraum, wird dieser Bindungsintervall genannt.“ (Riebel, 1990, S. 706). Eine bindungsdauerbezogene Differenzierung der Fixkosten könnte z.B. wie folgt aussehen:

Fixkosten	≤	6 Monate abbaufähig
Fixkosten	≤	1 Jahr abbaufähig
Fixkosten	>	1 Jahr abbaufähig

- Zeitliche Lage der Bindungsdauern zum Kalenderjahr
- Kündigungsfristen und Kündigungszeitpunkte
- Bindungsintervalle, wenn man die Kündigungstermine verstreichen lässt

- Restbindungsdauern

  Zur Ermittlung der Restbindungsdauer müssen immer der Betrachtungszeitpunkt und der Zeitpunkt gegenübergestellt werden, an dem der Vertrag endet.

- Nutzungsdauern bei Eigentumspotenzialen

2.1.2 Erhöhung der Fixkostentransparenz als Grundlage für Abbauentscheidungen

2.1.2.1 Kostenartenmethode

Ein Beitrag zur Fixkostentransparenz lässt sich durch die Aufstellung eines fixkostenmanagementorientierten Kostenartenplans erreichen (vgl. dazu Oecking, 1995a, S. 255-257). Grundlage eines solchen Plans ist der im Unternehmen genutzte Kostenartenstamm. Der fixkostenmanagementorientierte Plan entsteht, wenn alle relevanten Kostenarten entsprechend ihrer zeitlichen Strukturierung in Unterkostenarten aufgespalten werden (vgl. dazu Abb. 5).

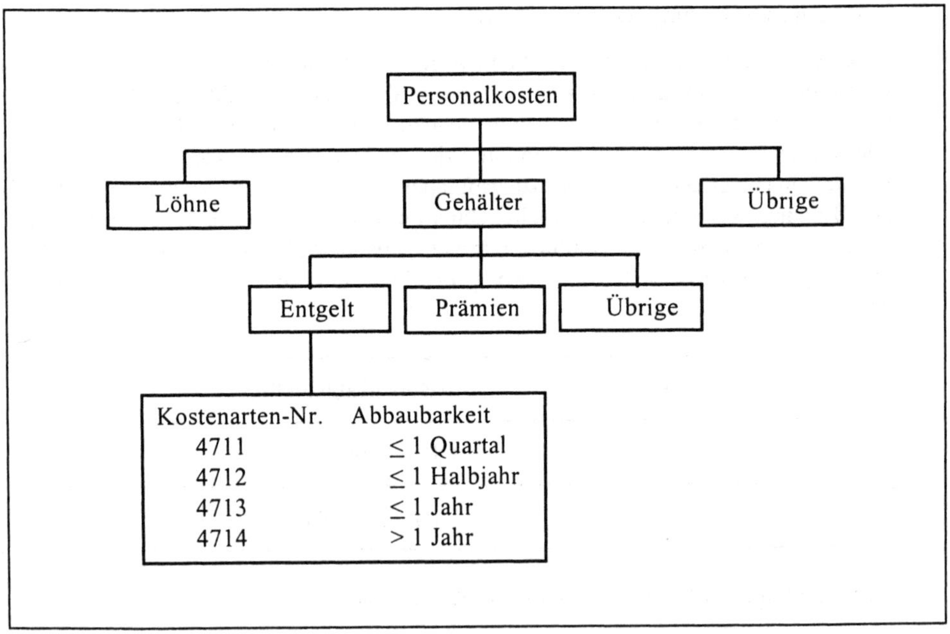

Abb. 5: Struktur eines fixkostenmanagementorientierten Kostenartenplans für Personalkosten

(in enger Anlehnung an: Oecking, 1995a, S. 255)

Durch die Kostenartenmethode werden wichtige Voraussetzungen für die Integration der Fixkostenmanagement-Informationen in die weiteren Bereiche der Kostenrechnung geschaffen. So ist es z.B. möglich, in der Kostenstellenrechnung einen erweiterten Betriebsabrechnungsbogen zu erstellen. Dabei ist das oberste Sortierkriterium nicht mehr die Unternehmenshierarchie, sondern die zeitliche Bindungsfrist der Fixkosten. Dadurch ist eine Verdichtung der abbaufähigen Kostenbestandteile bis auf die Ebene des Gesamtunternehmens möglich (vgl. Abb. 6).

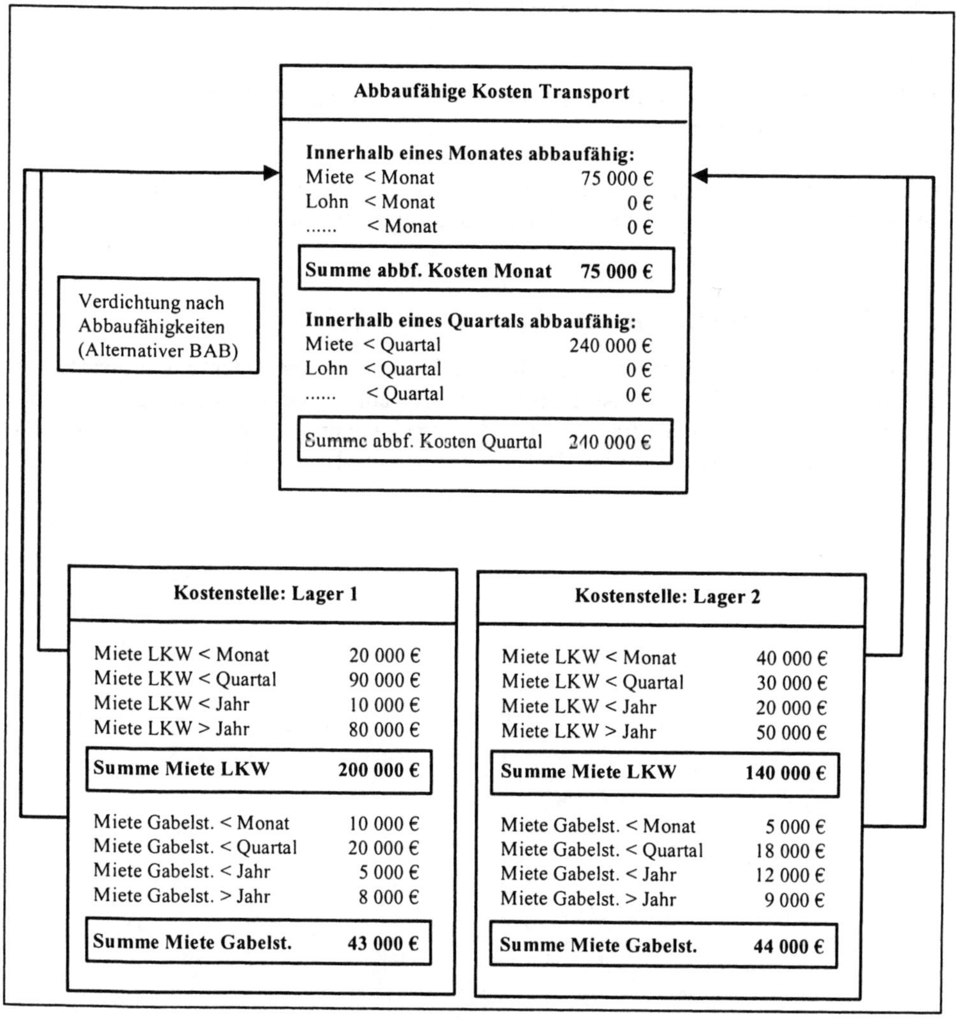

Abb. 6: Fixkostenmanagementorientierter Betriebsabrechnungsbogen

(Quelle: Oecking, 1995a, S. 255)

Die Kostenartenmethode hat einen wesentlichen Nachteil. Er besteht darin, dass die ausschließlich zeitliche Differenzierung der Fixkosten die Bestimmungsfaktoren der Fixkosten nicht erkennen lässt. Anders ausgedrückt: Man hat keine Informationen, welche Sachverhalte den Fixkosten zu Grunde liegen und infolgedessen auch keine konkreten Anhaltspunkte zum Fixkostenabbau. Aus diesem Grund erscheint es sinnvoll, direkt an den Bestimmungsfaktoren der Fixkosten anzusetzen. Man kann die Bestimmungsfaktoren danach unterscheiden, ob sie

- sich im Eigentum des Unternehmens befinden (Eigentumspotenziale),

oder ob

- das Unternehmen auf Grund vertraglicher Vereinbarungen Nutzungsrechte erworben hat (Vertragspotenziale).

Vertrags- und Eigentumspotenziale lassen sich durch Vertrags- und Eigentumspotenzialdatenbanken abbilden (vgl. dazu Reichmann/Oecking, 1994, S. 253-261).

2.1.2.2 Vertragspotenzialdatenbanken

Die Daten für eine Vertragspotenzialdatenbank stammen entweder aus Vorsystemen (z.B. dem Personalinformationssystem) oder müssen auf der Grundlage einzelner Verträge erhoben werden. Eine Vertragspotenzialdatenbank könnte wie folgt aufgebaut sein (in Anlehnung an Reichmann/Oecking, 1994, S. 255 und Oecking, 1995 b, S. 458):

Feldbezeichnung	**Notwendigkeit**		**Anmerkungen**
VERTRAGSTABELLE	**muss**	**kann**	
Vertragsnummer	X		Referenzadresse zu Vorsystemen / Vertragspartner
Vertragspartner (Name)		X	Bezeichnung der Person / Firma
Vertragspartner (Adresse)		X	Straße / Stadt / Land
Vertragsobjekt		X	Kennzeichnung des Objekts
Vertragsbeginn	X		Datum
Bindungsdauer	X		Zeitraum der Bindung
Verlängerungsintervall	X		Zeitraum der Bindung bei Verstreichen des Kündigungstermins
Kündigungsfrist	X		monatlich, quartalsweise, jährlich etc.
Zahlungsbetrag	X		Höhe
Zahlungscharakter	X		monatlich, quartalsweise etc.
Veränderungsdatum	X		nächstes Analysedatum des Vertrages
Folgekosten	X		geschätzte Folgekosten bei Vertragsbeendigung
Organisationseinheit		X	zugehörige Organisationseinheit des Vertrages

Abb. 7: Feldbeschreibung einer Vertragspotenzialdatenbank

Erläuterungen:

- Durch die Vertragsnummer wird das Vertragspotenzial eindeutig gekennzeichnet. Daher erscheinen die Felder „Vertragspartner (Name)“ und „Vertragspartner (Adresse)“ als Kann-Felder.
- Das Feld Vertragsobjekt ist als Kann-Feld gekennzeichnet, weil sich aus der Art der Verträge schon erste Anhaltspunkte hinsichtlich der Abbaubarkeit von Fixkosten ergeben können, aber nicht müssen. So lässt sich z.B. vermuten, dass ein Unternehmen eher auf Beratungsverträge als auf Energieversorgungsverträge verzichten kann. Abb. 8 zeigt die Vertragsarten in einer Übersicht.

Verträge						
Arbeitsverträge	Beratungsverträge	Energieversorgungsverträge	Leasingverträge	Mietverträge	Versicherungsverträge	Sonstige Verträge

Abb. 8: Übersicht über Vertragsarten

(Quelle: Reichmann/Oecking, 1994, S. 257)

- Die Felder „Vertragsbeginn“, „Bindungsdauer“, „Verlängerungsintervall“ und „Kündigungsfrist“ sind für das Fixkostenmanagement Muss-Felder, weil sie die Grundlage für wichtige Vertragsanalysen darstellen. So kann man z.B. die Verträge nach Kündigungsfristen sortiert auswerten.
- Der „Zahlungsbetrag“ und der „Zahlungscharakter“ sind Muss-Felder, weil das Fixkostenmanagement durch sie Informationen über die Höhe der Fixkosten erhält, die bei Kündigung des jeweiligen Vertrags abbaubar sind. Reichmann/Oecking sehen statt der Felder „Zahlungsbetrag“ und „Zahlungscharakter“ ein Muss-Feld „Monatlicher Betrag“ vor und nehmen in dieses Feld auch alle nicht monatlichen Zahlungen auf, indem sie sie anteilig auf die Monate umrechnen (vgl. Reichmann/Oecking, 1994, S. 256). Ein solches Feld ist hier nicht vorgesehen, weil es die Realität nicht wirklichkeitsnah abbildet und daher für ein wirkungsvolles Fixkostenmanagement gefährlich ist. Es kann nämlich der Eindruck entstehen, dass bei entsprechenden Vertragskündigungen in jedem Monat die im Feld ausgewiesenen Fixkosten wegfallen. Das ist aber bei allen nicht monatlichen Zahlungen eine Fehlinformation. Außerdem wird durch eine solche Darstellung die Chance vertan, die Daten aus der Kostenrechnung gleichzeitig für eine zeitpunktgenaue Liquiditätsplanung zu nutzen. Folglich wird hier vorgeschlagen, die Muss-Felder „Zahlungsbetrag“ und „Zahlungscharakter“ vorzusehen. Die sich daraus ergebenden Informationen versorgen das Fixkostenmanagement zusammen mit den Muss-Feldern „Vertragsbeginn“, „Bindungsdauer“ und „Kündigungsfrist“ mit wirklichkeitsnahen und für Abbauentscheidungen relevanten

Informationen und lassen sich unmittelbar für die Liquiditätsplanung nutzen. Weist ein Vertrag z.B. folgende Merkmale auf:

Vertragsbeginn	1.7.2002
Bindungsdauer	3 Jahre
Verlängerungsintervall	1 Jahr
Kündigungsfrist	6 Wochen auf das Quartalsende
Zahlungsbetrag	10 000 €
Zahlungscharakter	quartalsweise, vorschüssig

ergibt die Analyse am 1.4.2003 folgende Informationen für das Fixkostenmanagement:

frühestmögliches Ende des Vertrages		30.6.2005
spätester Kündigungstermin		15.5.2005
irreversibel vordisponierte Fixkosten	9 x 10 000 €/Quartal =	90 000 €
abbaubare Fixkosten bei Kündigung zum nächsten Termin	4 x 10 000 €/Quartal =	40 000 €/Jahr ab 1.7.2005

- Das Veränderungsdatum ist ein Muss-Feld, weil es das Datum einer möglichen Veränderung der Kündigungsfrist des Vertrages und damit eine Basisinformation des Fixkostenmanagement angibt. Das Veränderungsdatum ist z.B. bei Arbeitsverträgen interessant, weil sich die Kündigungsfrist von Arbeitnehmern mit zunehmender Betriebszugehörigkeit verlängert. Dementsprechend muss zu einem bestimmten Datum die Kündigungsfrist im Vertrag abgeändert werden.
- Wenn man die Auswirkungen der Maßnahmen zum Fixkostenabbau richtig beurteilen will, müssen auch eventuelle Folgekosten wie Konventionalstrafen in das Kalkül miteinbezogen werden. Daher stellt das Feld „Folgekosten" ein Muss-Feld dar. Allerdings ist die Schätzung der Folgekosten nicht immer einfach.

- Die Organisationseinheit ist eine interessante Information für das Fixkostenmanagement, weil dadurch z.B. kostenstellenbezogene Analysen der Fixkosten möglich werden. Sie ist aber keine unbedingt erforderliche Information und daher nur als Kann-Feld gekennzeichnet.

Auf der Grundlage der beschriebenen Datenbank sind vielfältige Analysen der Fixkosten nach den verschiedensten Kriterien möglich, z.B.

- Abfrage aller innerhalb eines Zeitraums kündbaren Verträge,
- Anteil der kurzfristig kündbaren Verträge an der Gesamtzahl,
- Abbauanalysen nach Organisationseinheiten.

Das folgende Beispiel zeigt einen Auszug aus einer Vertragsanalyse im Beschaffungsbereich nach Kündigungsfristen:

Kündigungsfrist	**Betrag**	**Zahlungscharakter**	**Vertrags-Nr.**	**Vertragspartner**	**Organisationseinheit**
Monat	2 500 €	monatlich	P.-Nr. 4711	J. Mall	Einkauf
Monat	5 000 €	monatlich	P.-Nr. 4712	H. Rück	Labor
Monat	30 000 €	monatlich	LF 333	Lieferant Müller	Einkauf
Σ Monat	**37 500 €**				
Quartal	4 000 €	monatlich	P.-Nr. 4713	B. Sander	Lager
Quartal	16 400 €	quartalsweise	LG 121	Leasing AG	Lager
Quartal	15 000 €	monatlich	K.-Nr. 33569	Hypo-Bank	Labor
Σ Quartal	**43 400 €**				
Σ Monat + Quartal	**80 900 €**				

Abb. 9: Vertragsanalyse nach Kündigungsfristen

2.1.2.3 Eigentumspotenzialdatenbanken

Analog zu den Vertragspotenzialdatenbanken kann eine Sammlung von Informationen für die Eigentumspotenziale durchgeführt werden. Eine Eigentumspotenzialdatenbank könnte wie folgt aufgebaut sein (in Anlehnung an Oecking, 1994, S. 103):

Feldbezeichnung	**Notwendigkeit**	
EIGENTUMSDATENTABELLE	**muss**	**kann**
Bezeichnung	X	
Potenzialkennung	X	
Veräußerungsgeschwindigkeit	X	
Anschaffungswert	X	
Nutzungsdauer	X	
Abschreibung/Jahr	X	
Restbuchwert		X
Resterlös	X	
Zeitwert		X
Organisationseinheit		X

Abb. 10: Feldbeschreibung einer Eigentumspotenzialdatenbank

Erläuterungen:

- Die Potenzialkennung entspricht der Vertragsnummer bei der Vertragspotenzialdatenbank, d.h. sie übernimmt die Funktion einer eindeutigen Zuordnung.
- Die Veräußerungsgeschwindigkeit gibt die Zeitspanne an, in der ein Eigentumspotenzial verkauft oder vermietet werden kann.
- Bei linearer Abschreibung ergibt sich der Abschreibungsbetrag/Jahr, indem man die Differenz zwischen Anschaffungswert und Resterlös durch die Nutzungsdauer dividiert. Lineare Abschreibungen stellen Fixkosten dar. Daher ist der Abschreibungsbetrag eine wichtige Information für das Fixkostenmanagement, weil die Fixkosten in jedem Jahr der Restnutzungsdauer um diesen Betrag sinken, wenn das Eigentumspotenzial veräußert wird.

Auch Eigentumspotenzialdatenbanken lassen sich nach den verschiedensten Kriterien auswerten, z.B.

- nach Veräußerungsgeschwindigkeiten,
- nach Organisationseinheiten (z.B. Kostenstellen).

2.1.3 Abbauhemmnisse fixer Kosten

Es gibt verschiedene Faktoren, die den Abbau fixer Kosten hemmen können. Dazu gehören (vgl. Corsten, 1985, S. 534-535, Süverkrüp, 1968, S. 100ff.):

- **Rechtliche Faktoren**

  Neben Verträgen und den darin festgeschriebenen Bindungsdauern bzw. -intervallen können gesetzliche Regelungen die Abbaubarkeit fixer Kosten hemmen. So kann z.B. die Freisetzung von Arbeitskräften bei rückläufiger Beschäftigung durch gesetzliche Kündigungsschutzbestimmungen verhindert werden, so dass die Personalkosten erst mit erheblicher zeitlicher Verzögerung abgebaut werden können.

- **Unternehmenspolitische Faktoren**

  Es gibt Kostenarten, deren Abbau unter Beachtung der zeitlichen Fristen zwar grundsätzlich möglich ist, gegen den aber unternehmenspolitische Gründe sprechen. Dazu gehören z.B.

  - **Forschungs- und Entwicklungskosten**

    Ein Abbau führt mittel- bis langfristig dazu, dass ein Unternehmen technologisch nicht mehr wettbewerbsfähig ist.

  - **Personalkosten**

    Der Abbau von Personal kann den Verlust von know how zur Folge haben.

  - **Instandhaltungskosten**

    Ein Abbau kann zu überproportional höheren Reparaturkosten führen, weil die Maschinen nicht ausreichend gewartet werden.

  - **Kosten für innerbetriebliche Aus- und Weiterbildung**

    Ein Abbau wirkt sich negativ auf die Qualifikation der Mitarbeiter aus.

  - **Kosten für Werbung und Öffentlichkeitsarbeit**

    Ein Abbau kann den Bekanntheitsgrad am Markt schwächen und damit Umsatzeinbußen auslösen.

- **Technisch-organisatorische Faktoren**

  Potenziale, z.B. Maschinen, sind nicht beliebig teilbar. Infolgedessen lassen sich die Fixkosten der Potenzialfaktoren bei einem Beschäftigungsrückgang nicht proportional reduzieren.

- **Psychologisch-gesellschaftliche Faktoren**

  Aus sozialem Verantwortungsgefühl kann es zu zeitlichen Verschiebungen erforderlicher Anpassungsmaßnahmen kommen. Dies ist vor allem bei erforderlichen Freisetzungen von Arbeitskräften möglich.

2.1.4 Kritische Würdigung

Der Nutzen eines leistungsfähigen Fixkostenmanagement wird dessen Kosten in der Regel übersteigen. Daher ist der Aufbau eines Fixkostenmanagement grundsätzlich jedem Unternehmen zu empfehlen.

Blickt man in die Vergangenheit, zeigt sich, dass die Überlegungen zum Fixkostenmanagement nicht völlig neu sind. Wegweisende Gedanken dazu finden sich bei Riebel schon 1970 unter dem Titel „Die Bereitschaftskosten in der entscheidungsorientierten Unternehmerrechnung“ und 1979 unter dem Titel „Zum Konzept einer zweckneutralen Grundrechnung“ (vgl. Riebel, 1970 und 1979). So befasst sich Riebel intensiv mit der Abbildung der zeitlichen Dimensionen von Bereitschaftskosten, die prinzipiell mit beschäftigungsfixen Kosten deckungsgleich sind. Unter Bereitschaftskosten versteht Riebel Kosten, die auf Grund erwartungsbedingter Beschaffungs- und Bereitstellungsentscheidungen entstehen und nicht von Art, Menge und Erlös der tatsächlich erbrachten Leistungen abhängen. Im Zusammenhang mit den Bereitschaftskosten beschreibt er Potenzialfaktoren mit rechtlich festliegender Bindungsdauer und Potenzialfaktoren mit im voraus noch unbestimmter Nutzungsdauer. Er hebt die Dispositionsbeschränkungen durch Bindungsdauern und Kündigungsfristen hervor und plädiert im Hinblick auf Abbauüberlegungen für einen differenzierten Ausweis der zeitlichen Dimension der Kosten in einer Grundrechnung. Die Grundrechnung ist als zweckneutrale Datenbasis für eine Vielzahl von Auswertungsrechnungen zu verstehen und umfasst damit auch die Informationsbausteine, die in den Vertragspotenzial- und Eigentumspotenzialdatenbanken vorgesehen sind. Die Ideen Riebels ließen sich zur damaligen Zeit noch nicht realisieren, weil die EDV nicht leistungsfähig genug war. Heute ist das anders. So verarbeitet z.B. die SAP AG wesentliche Ansatzpunkte Riebels in ihrer Software.

2.2 Prozesskostenrechnung

2.2.1 Entwicklungsgründe

Die Vertreter der Prozesskostenrechnung sind der Ansicht, dass die herkömmlichen Kostenrechnungssysteme – und hier meinen sie insbesondere die traditionelle Vollkostenrechnung und die flexible Plankostenrechnung auf Teilkostenbasis (Grenzplankostenrechnung) – den Kostenstrukturverschiebungen weder bei der

- Kalkulation noch bei der
- Kostenplanung und -kontrolle

gerecht werden. Sie argumentieren wie folgt:

Kalkulation

Bei inhomogener Material-, Produkt-, Auftrags- oder Vertriebsstruktur ist offensichtlich, dass die üblichen Gemeinkostenverrechnungen die spezifische Inanspruchnahme der indirekten Bereiche durch die Kostenträger nicht berücksichtigen.

Beispiele:

In der Vollkostenrechnung und häufig auch in der Grenzplankostenrechnung (vgl. dazu z.B. Kilger, 1983, S. 78) fungieren die Materialeinzelkosten als Schlüssel zur Verrechnung der Materialgemeinkosten auf die Kostenträger. Die Materialeinzelkosten stellen aber keinen geeigneten Schlüssel zur Verrechnung der Materialgemeinkosten dar. So ist z.B. für die Kosten einer Materialbestellung (= Materialgemeinkosten) irrelevant, wieviel die bestellten Materialeinheiten kosten. Der Bestellaufwand und damit die Kosten der Bestellung sind in jedem Fall gleich, d.h. unabhängig von den Materialeinzelkosten. In der Sprache der Prozesskostenrechnung sagt man: Die Materialeinzelkosten "treiben" die Materialgemeinkosten nicht und meint damit, dass die Materialeinzelkosten die Materialgemeinkosten nicht beeinflussen.

Dasselbe gilt, wenn indirekte Fertigungsgemeinkosten (keine Maschinenkosten!) auf der Basis von Fertigungslöhnen oder über Maschinenstundensätze auf die Kostenträger verrechnet werden (vgl. dazu Horváth/Mayer, 1989, S. 215). Fertigungslöhne oder Maschinenstunden sind keine geeignete Bezugsgröße z.B. für die Kosten der Arbeitsvorbereitung oder der Produktionssteuerung. Diese hängen vielmehr davon ab, ob

- es sich um komplexe oder nicht komplexe Produkte handelt,
- eine hohe oder niedrige Auflagengröße gewählt wird,
- Standardprodukte oder exotische Varianten produziert werden.

Vor diesem Hintergrund lässt sich sehr schön zeigen, dass die üblichen Verrechnungen der indirekten Gemeinkosten zu ungenauen Kosteninformationen und damit zu strategischen Fehlentscheidungen führen (vgl. dazu Horváth/Mayer, 1989, S. 215-216): Der Planungs-, Steuerungs- und Koordinationsaufwand ist bei komplexen Produkten mit kleiner Auflagengröße wesentlich höher als bei einfacheren Großserienprodukten. Bei entsprechend hohen indirekten Gemeinkosten können Zuschlagssätze zu erheblichen Verzerrungen führen. Im Vergleich zu den komplexen Produkten in kleiner Auflagengröße weisen auflagenstarke Großserienprodukte wesentlich höhere Materialeinzelkosten, Fertigungslöhne etc. auf und bekommen daher auch höhere Gemeinkostenanteile zugeschlüsselt. Da sie weniger Planungs-, Steuerungs- und Koordinationsaufwand als die komplexen Produkte kleiner Auflagengröße aufweisen, werden die auflagenstarken Großserienprodukte zu teuer und die komplexen Produkte kleiner Auflagengröße zu billig kalkuliert. Dadurch weisen die Großserienprodukte zu geringe und die komplexen Produkte zu hohe Nettogewinne auf. Richtet sich ein Unternehmen nach diesen Zahlen, wird das Produktionsprogramm um immer mehr niedervolumige Varianten erweitert. Das führt wiederum zu einem Gewinneinbruch, weil

- der Gemeinkostenanteil signifikant ansteigt, wenn das Produktionsprogramm ausgeweitet wird und der Anteil niedervolumiger Varianten steigt,
- bei steigendem Gemeinkostenanteil die Fehler bei der Verrechnung der indirekten Gemeinkosten immer schwerwiegender werden und dadurch ein Teufelskreis entsteht, der die Gewinne immer mehr sinken lässt.

Kostenplanung und Kostenkontrolle

Die Vertreter der Prozesskostenrechnung sind außerdem der Ansicht, dass weder die Vollkostenrechnung noch die Grenzplankostenrechnung in ausreichendem Maße Kostenplanung und Kostenkontrolle in den indirekten Bereichen betreiben:

- Die Vollkostenrechnung erreiche ohnehin keine Transparenz in den indirekten Bereichen, weil sie die Kosten nicht ausreichend differenziert.
- Auch die Grenzplankostenrechnung erreiche keine Transparenz in den indirekten Bereichen. Der Hauptkostenanteil in den indirekten Bereichen sei nämlich als fix anzusehen und werde damit nicht weiter analysiert, sondern en bloc in die Periodenrechnung übernommen. Dem kann so allerdings nicht uneingeschränkt zugestimmt werden. Vorwiegend fixe Kosten weisen nur bestimmte indirekte Bereiche auf, z.B. die Verwaltung. Dagegen sieht die Grenzplankostenrechnung in den fertigungsnahen indirekten Bereichen differenzierte Bezugsgrößen vor, so dass sich ein mehr oder weniger großer Teil der Plankosten dieser Bereiche variabel (proportional) verhält. So ist z.B. der Anteil der variablen Kosten im Kostenplan der LKW-Transporte eines Modellbetriebs bei der Bezugsgröße Kilometer fast doppelt so hoch wie der Anteil der fixen Kosten (vgl. Kilger, 1993, S. 483). Weitere Bezugsgrößen für indirekte Bereiche – die von Kilger als geeignet für die Kostenkontrolle bezeichnet werden – sind u.a.: Anzahl bearbeiteter Angebote, Anzahl Bestellungen, Anzahl geprüfter Rechnungen, Anzahl Zugänge, Anzahl Abgänge, Anzahl bearbeiteter Kundenaufträge, Anzahl Versandaufträge (vgl. Kilger, 1988, S. 338).

2.2.2 Merkmale

- **Zielsetzungen der Prozesskostenrechnung**

Die Zielsetzungen leiten sich aus der Kritik an den herkömmlichen Kostenrechnungssystemen ab:

1. Verursachungsgerechtere Verteilung der Gemeinkosten auf die Produkte durch Berücksichtigung der spezifischen Inanspruchnahme der indirekten Bereiche durch die Produkte (= verbesserte Kalkulation).
2. Verbesserung des Gemeinkostencontrolling bzw. der Planung und Kontrolle in den indirekten Bereichen durch Erhöhung der
   - Leistungstransparenz (= Welche Leistungen werden eigentlich erbracht?) und der
   - Kostentransparenz (= Was kostet welche Tätigkeit und welches sind die kostenbeeinflussenden / kostentreibenden Faktoren?)

   in den indirekten Bereichen. Die höhere Transparenz ist die Grundlage für Rationalisierungen bzw. Gemeinkostenreduktion.

- **Grundsätzlicher Ansatz zur Zielerreichung**

Der grundsätzliche Ansatz zur Zielerreichung besteht darin, aus den traditionell weitgehend fixen Gemeinkosten der indirekten Bereiche proportionale Kosten in Abhängigkeit von Transaktionen (Prozessen) in den indirekten Bereichen zu machen. Zur Kostensenkung wird vorgeschlagen, die Anzahl der nicht notwendigen Transaktionen zu reduzieren und die erforderlichen Transaktionen effizienter zu gestalten (vgl. Braun, 1996, S. 4).

- **Vorläufer der Prozesskostenrechnung**

Aus der Kritik an den traditionellen Kostenrechnungssystemen lässt sich schon erkennen, daß die traditionelle Vollkostenrechnung ein Vorläufer der Prozesskostenrechnung ist. Häufig wird die Prozesskostenrechnung sogar abfällig als ein Rückfall in die traditionelle Vollkostenrechnung getadelt. Das ist nicht unbedingt der Fall, wie der Vergleich der Kalkulationsschemata beider Rechnungen zeigt (vgl. dazu Abb. 11).

traditionelle Vollkostenrechnung	Prozesskostenrechnung
Materialeinzelkosten + Fertigungseinzelkosten + Anteil an allen Gemeinkosten (mit den üblichen Schlüsseln* verteilt)	Materialeinzelkosten + Fertigungseinzelkosten + Gemeinkosten der direkten Bereiche über Bezugsgrößen + nach spezifischer Inanspruchnahme der indirekten Bereiche geschlüsselte Gemeinkosten
= **Traditionelle Selbstkosten**	= **Prozessorientierte Selbstkosten**

Abb. 11: Kalkulationsschemata der traditionellen Vollkostenrechnung und der Prozesskostenrechnung

* z.B.

Zuschlagssatz für Materialgemeinkosten:

$$\frac{\text{Materialgemeinkosten}}{\text{Materialeinzelkosten}}$$

Zuschlagssatz für Fertigungsgemeinkosten:

$$\frac{\text{Fertigungsgemeinkosten}}{\text{Fertigungseinzelkosten}}$$

Die traditionelle Vollkostenrechnung verrechnet grundsätzlich alle Gemeinkosten auf die Kostenträger. Dagegen verrechnet die Prozesskostenrechnung grundsätzlich (neben den Gemeinkosten der direkten Bereiche) nur die Teile der Gemeinkosten auf die Kostenträger, die der spezifischen Inanspruchnahme der indirekten Bereiche durch die Kostenträger entsprechen. Nur insoweit darüber hinaus auch noch die Gemeinkosten auf die Kostenträger geschlüsselt werden, für die kein Zusammenhang mit der Inanspruchnahme der indirekten Bereiche durch die Kostenträger hergestellt werden kann, ist die Prozesskostenrechnung eine klassische Vollkostenrechnung. Ein Beispiel für solche Gemeinkosten sind die Kosten der Betriebsabrechnung, die für die Erstellung des Betriebsabrechnungsbogens und die Durchführung der innerbetriebliche Leistungsverrechnung anfallen.

Der Anstoß zur Verrechnung der Kosten der indirekten Bereiche nach der spezifischen Inanspruchnahme durch die Kostenträger kam zu Beginn der achziger Jahre aus den USA. Zu dieser Zeit war die Entwicklung und der Stand der Kostenrechnung in den USA den deutschen Verhältnissen nicht ganz vergleichbar. Die Vollkostenrechnung dominierte stark, wobei die Verrechnung der Gemeinkosten häufig auf eine überaus vereinfachende Weise erfolgte. Selbst ein Unternehmen wie Hewlett Packard verrechnete bis Mitte der achziger Jahre die gesamten Gemeinkosten im prozentualen Verhältnis zu den Fertigungslöhnen (= Lohnzuschlagskalkulation bzw. absorption costing). Dieses Vorgehen wurde als zu vereinfachend erkannt. Die Suche nach neuen Konzepten begann. Teilkostenrechnungssysteme kamen dabei nicht in Betracht, u.a. weil bei wachsendem Anteil an den fixen Gemeinkosten die Summe der den Einheiten zurechenbaren Kosten immer geringer wird und damit die Kalkulation an Aussagekraft verliert (vgl. Cooper/Kaplan, 1988, S. 21). Statt dessen wurde das **Activity Based Costing** (ABC) entwickelt. Es ist getragen von dem Grundgedanken, dass die Höhe der Gemeinkosten nur zu einem geringen Teil von Wertgrößen wie Materialgemeinkosten oder Herstellkosten bestimmt wird. Die gemeinkostentreibenden Faktoren – genannt Cost Driver – werden vielmehr in den Aktivitäten der gemeinkostenverursachenden Bereichen gesehen. In ihnen drückt sich die Leistung dieser Bereiche aus und damit sollte die Verrechnung der Gemeinkosten auch über die Aktivitäten der Gemeinkostenbereiche erfolgen. Wichtig ist, dass sich das ABC grundsätzlich auf alle Gemeinkosten-Bereiche bezieht. Anders ausgedrückt umfasst es also die direkten Bereiche (= Fertigungskostenstellen) und die indirekten Bereiche (= „verborgene Fabrik“, wie Produktionsplanung und Produktionssteuerung, Qualitätssicherung und Instandhaltung).

Im Gegensatz zu den USA hat im deutschsprachigen Raum die Verrechnung von Gemeinkosten der direkten Bereiche über eine Vielzahl von Kosteneinflussgrößen wie Maschinenstunden, Rüststunden und Fertigungsstunden eine längere Tradition. In der Vollkostenrechnung ist sie unter der Bezeichnung Verrechnungssatzkalkulation bekannt. Außerdem ist sie eine Domäne der Grenzplankostenrechnung (= flexible Plankostenrechnung auf Teilkostenbasis). Insofern sah man im deutschsprachigen Raum vor allem Handlungsbedarf bei der Verrechnung der Gemeinkosten der indirekten Bereiche. Basierend auf den Grundgedanken des ABC und unter kräftigem Rückgriff auf Überlegungen der Verrechnungssatzkalkulation bzw. der Grenzplankostenrechnung wurde die Prozesskostenrechnung entwickelt.

Dementsprechend kann man neben der traditionellen Vollkostenrechnung und dem amerikanischen ABC auch die Grenzplankostenrechnung als einen Vorgänger der Prozesskostenrechnung ansehen.

Exkurs zur Grenzplankostenrechnung:

Die Grenzplankostenrechnung ist vom Grundsatz her eine Teilkostenrechnung, die auf der Trennung der Kosten in fixe und variable Bestandteile basiert und nur die variablen Kosten auf die Kostenträger verrechnet. Sie wird aber häufig parallel auch als Vollkostenrechnung durchgeführt. Traditionell stehen die direkten Gemeinkostenbereiche (= Fertigungsstellen) bei der Kalkulation und der Wirtschaftlichkeitskontrolle im Vordergrund. Zentrale Größe zur Verrechnung der (variablen) Gemeinkosten auf die Kostenträger sind die Bezugsgrößen (= Kosteneinflussgrößen) wie Maschinenstunden. Die Wirtschaftlichkeitskontrolle wird in Form eines Soll-Ist-Vergleichs durchgeführt.

- **Verbreitung der Prozesskostenrechnung**
  Zahlreiche Unternehmen wenden die Prozesskostenrechnung mittlerweile an oder planen ihre flächendeckende Einführung. Dabei handelt es sich einmal um große und mittlere Industrieunternehmen wie IBM, DaimlerChrysler, BASF, Siemens, BMW, Hewlett Packard, Porsche, Alcatel-SEL oder Gardena. Zunehmend wird die Prozesskostenrechnung aber auch im Dienstleistungssektor eingesetzt, z.B. bei der Berliner Lufthansa Airport Service Gesellschaft (B.L.A.S.) oder in den St. Vincentius-Krankenhäuser Karlsruhe.

- **Aufbau der Prozesskostenrechnung**

  Wie fast alle Kostenrechnungssysteme bedient sich auch die Prozesskostenrechnung der Kostenarten-, -stellen- und -trägerrechnung (vgl. Abb. 12).

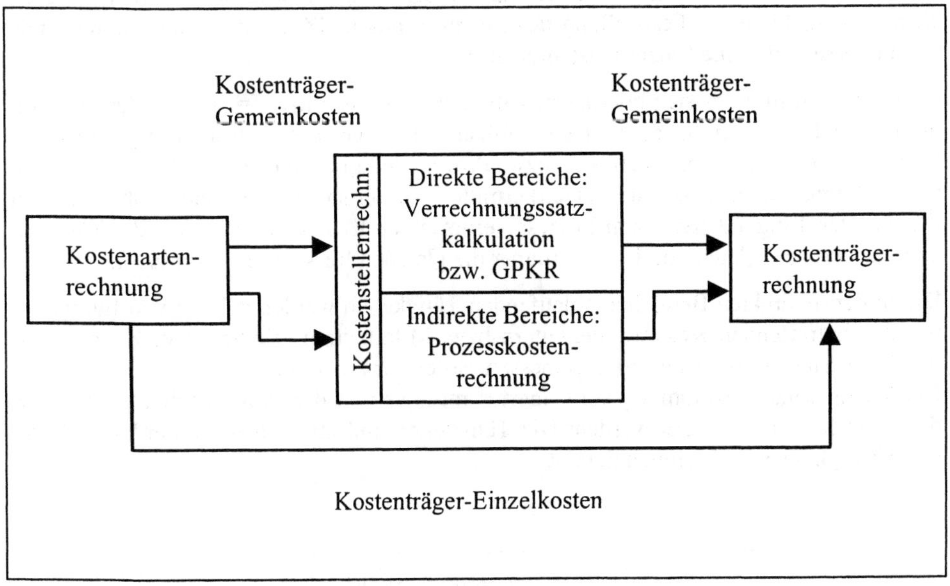

Abb. 12: Aufbau der Prozesskostenrechnung

2.2.3 Prozesskostenstellenrechnung

Die Prozesskostenstellenrechnung vollzieht sich in folgenden Schritten:

1. Tätigkeitsanalyse,
2. Prozessdefinition und Bildung einer Prozesshierarchie,
3. Ermittlung von Kostentreibern / Bezugsgrößen,
4. Ermittlung von Kostentreibermengen,
5. Planung der Prozesskosten,
6. Ermittlung von Prozesskostensätzen.

1. Tätigkeitsanalyse

In den indirekten Bereichen werden die verschiedensten Tätigkeiten durchgeführt. Unter einer Tätigkeit versteht man einen Vorgang in einer Kostenstelle, der Ressourcen in Anspruch nimmt oder verbraucht. Die Aufnahme der Tätigkeiten in den indirekten Bereichen einschließlich der Feststellung des Zeitaufwands je Tätigkeit ist die grundlegende Voraussetzung für eine Prozesskostenrechnung.

Grundsätzlich sollte es sich bei diesen Tätigkeiten um repetitive (= sich wiederholende), homogene Tätigkeiten handeln. Das hat folgenden Grund: Letztlich wird in der Prozesskostenstellenrechnung pro Tätigkeit bzw. Prozess lediglich **ein** Prozesskostensatz (vgl. 6. Ermittlung von Prozesskostensätzen) ermittelt. Dieser spiegelt in seiner Höhe nur dann die von der Tätigkeit bzw. dem Prozess verursachten Kosten wider, wenn die Tätigkeit bzw. der Prozess gleichartig ist, d.h. immer die gleichen Ressourcen verbraucht.

Die in den indirekten Bereichen ablaufenden Tätigkeiten werden anhand von Interviews mit den betreffenden Kostenstellenleitern bzw. Mitarbeitern erhoben. Der Zeitaufwand der Tätigkeiten wird idealerweise gemessen. Sofern das nicht möglich ist – z.B., weil der Betriebsrat seine Zustimmung verweigert – muss er von den Kostenstellenleitern bzw. den Mitarbeitern geschätzt werden. Die Tätigkeiten und ihr Zeitbedarf werden in Form einer Tätigkeitsliste zusammengefasst.

Beispiele:

Tätigkeiten im Einkauf	
Angebote einholen	10 Minuten
Angebote bearbeiten	20 Minuten
Rechnungen prüfen	10 Minuten

Tätigkeiten im Labor	
Analysenummern auf Proben und Aufträge aufbringen	5 Minuten
Prüfungen durchführen	30 Minuten
Prüfungen bewerten	10 Minuten
Fehlerklassifizierungen erstellen	10 Minuten
Beanstandungen erstellen	10 Minuten

Folgende Liste zeigt ausschnittweise Tätigkeiten und Zeiten, die in einem Unternehmen im Jahr 2000 im Zusammenhang mit einer Betriebssystemumstellung in der EDV erhoben bzw. gemessen wurden:

Ermittelte Tätigkeiten und Umbauzeiten für eine Betriebssystemumstellung	
PC-Gehäuse öffnen	1,75 Minuten
Netzteil, CD-ROM-Laufwerk, Diskettenlaufwerk, Tastatur und Drucker anschließen	1,50 Minuten
Freischaltung drucken	3,25 Minuten
Transfersoftware	2,50 Minuten
Festplatte einbauen	5,00 Minuten
Speicher einbauen	0,75 Minuten
Update durchführen	1,50 Minuten
CD´s installieren	15,00 Minuten
Freischaltungsformular drucken und faxen, mit Hotline telefonieren	2,50 Minuten
PC-Gehäuse schließen und Aufkleber aufbringen	4,00 Minuten
Freischaltcode eingeben	1,00 Minuten

Die Tätigkeitsanalyse ist nicht auf eine reine Erhebung von Tätigkeiten und dazugehörigem Zeitaufwand beschränkt. Vielmehr ist schon bei diesem Schritt auf Ineffizienzen in den indirekten Bereichen zu achten. So muss z.B. hinterfragt werden,

- wer die Tätigkeiten im Unternehmen nachfragt (Leistungsempfänger),
- ob die Tätigkeiten für die Leistungsempfänger unbedingt erbracht werden müssen (must), oder ob es sich um verzichtbare Tätigkeiten handelt (nice-to-have),
- ob die Tätigkeiten im derzeitigen Umfang und Detaillierungsgrad wirklich erforderlich sind.

Je genauer die Tätigkeitsanalyse durchgeführt wird, desto exakter sind die Basisdaten der Prozesskostenrechnung.

Probleme:

- In den indirekten Bereichen ist der Anteil homogener Tätigkeiten häufig eher gering.
- Es liegen bisher keine empirischen Erkenntnisse über das „optimale" Volumen der zu definierenden Tätigkeiten vor.
- Wenn der Zeitaufwand der einzelnen Tätigkeiten nicht gemessen, sondern lediglich pauschal durch den Kostenstellenleiter geschätzt wird, können schon auf der Grunddatenebene der Prozesskostenrechnung erhebliche Verzerrungen auftreten.
- Erfahrungsgemäß stößt die Tätigkeitsanalyse auf psychologische Widerstände bei Belegschaft und Betriebsrat, die die Ergebnisse von Befragungen und Aufzeichnungen der Mitarbeiter hinsichtlich ihrer Zeitverwendung beeinflussen.

2. Prozessdefinition und Bildung einer Prozesshierarchie

Die Tätigkeiten werden zunächst zu Teilprozessen und schließlich zu Hauptprozessen verdichtet. Unter einem Teilprozess versteht man eine Kette von Tätigkeiten, die in einer Kostenstelle auf die Erbringung einer bestimmten Leistung ausgerichtet sind. Teilprozesse sind also kostenstellenbezogen. Z.B. gehören in der Kostenstelle „Lager" u.a. die Tätigkeiten „Material suchen" und „Material auslagern" zum Teilprozess „Fertigungsauftragskommissionierung". Unter einem Hauptprozess versteht man eine Kette von kostenstellenbezogenen Teilprozessen, die auf die Erbringung einer kostenstellenübergreifenden Leistung ausgerichtet sind. So gehören z.B. zum Hauptprozess „Fertigungsauftragsabwicklung" u.a. die Teilprozesse „Fertigungsauftragskommissionierung" (Kostenstelle: Lager) und „Fertigungsauftragssteuerung" (Kostenstelle: Fertigungssteuerung). Durch die Verdichtung entsteht eine Prozesshierarchie (vgl. Abb. 13).

Beispiel:

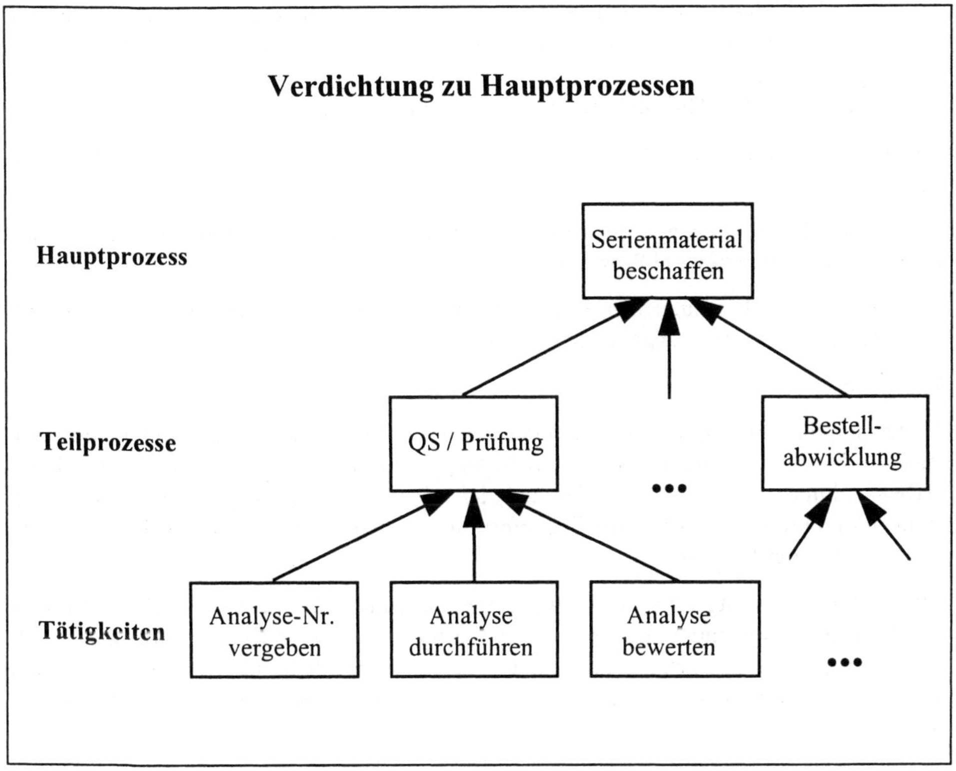

Abb. 13: Prozesshierarchie

Probleme:

- In der Literatur wird kein methodischer Vorschlag gemacht, wie die Verdichtung der kostenstellenbezogenen Teilprozesse zu kostenstellenübergreifenden Hauptprozessen konkret zu realisieren ist. „Das Finden von Teil- und Hauptprozessen ist im konkreten Projekt eine schwierige Aufgabe und verlangt viel Erfahrung. Der Weg ist nicht so eindeutig wie hier im Beispiel dargestellt. Denn bei der Differenzierung von Teilprozessen muss man schon eine Vorstellung über mögliche Hauptprozesse haben. Andernfalls hat man keine Anhaltspunkte, in welcher Weise das Aufgabenvolumen der Kostenstelle strukturiert und in Teilprozesse aufgeteilt werden soll. Allerdings können bei der Tätigkeitsanalyse neue Anregungen für die Hauptprozesse entstehen. So durchläuft man oft mehrere Schleifen, bis die endgültige Prozessstruktur und Prozesshierarchie feststeht.“ (Mayer, 1990, S. 310).
- Gelingt es nicht in ausreichendem Maß, Teilprozesse zu Hauptprozessen zusammenzufassen, erübrigt sich eine sinnvolle Anwendung der Prozesskostenrechnung.

- Um eine wirksame Kontrolle des Betriebsgeschehens zu ermöglichen, sind für die Hauptprozesse sogenannte Prozessverantwortliche (Process Owner) zur Betreuung der kostenstellenübergreifenden Aufgabenstellungen zu benennen. Hinweise, wie man dies für die Praxis konkret realisieren kann, sind in der Literatur kaum zu finden.

Unterscheidung von Tätigkeiten und Teilprozessen

Die Teilprozesse in den indirekten Bereichen werden danach unterschieden, ob ihr Arbeitsvolumen

- von der Leistungsmenge des indirekten Bereichs abhängt (= lmi-Prozesse, d.h. leistungsmengeninduzierte Prozesse),
- oder von der Leistungsmenge des indirekten Bereichs unabhängig ist (= lmn-Prozesse, d.h. leistungsmengenneutrale Prozesse).

Beispiele:

Wenn sich die Leistungsmenge "Zahl der Analysen" ändert, ändert sich das Arbeitsvolumen des Prozesses "Qualitätssicherung/Prüfung" = lmi-Prozess. Dagegen ändert sich das Arbeitsvolumen der Prozesse "Abteilung leiten", „Mitarbeiter beurteilen“, „Weiterbildungen durchführen“ oder „Grundlagenforschung“ nicht, wenn sich die Zahl der Analysen ändert = lmn-Prozesse.

Diese Unterscheidung ist von grundlegender Bedeutung. Im nächsten Schritt der Prozesskostenstellenrechnung werden nämlich nur für lmi-Prozesse Kostentreiber als Grundlage einer „verursachungsgerechten“ Gemeinkostenverrechnung gesucht. Die Kosten der lmn-Prozesse werden dagegen i.d.R. nach Maßgabe der lmi-Kosten verrechnet (geschlüsselt).

Probleme:

- Strenggenommen bleibt unklar, was unter der angesprochenen Leistungsmenge zu verstehen ist und wie die betreffende Größe gemessen werden soll.
- Die Suche nach Abhängigkeiten vom Leistungsvolumen kann mit unterschiedlicher Sorgfalt betrieben werden. Bei einer ungenauen Differenzierung in lmi- und lmn-Prozesse und nachfolgend in lmi- und lmn-Kosten besteht die Gefahr, dass die Aussage der Prozesskostenrechnung auf Grund des schlechten Datenmaterials ungenau wird.
- In diesem Zusammenhang ist auch die Kritik Fröhlings zu sehen (vgl. dazu 1992, S. 728). Er macht der Einteilung der Tätigkeiten in lmi- und lmn-Prozesse den Vorwurf, artifiziell (künstlich) zu sein. Er begründet diese Kritik wie folgt: Gelingt es, für eine bestimmte Tätigkeit entsprechende Maßgrößen der Kostenverursachung zu definieren, resultieren daraus automatisch leistungsmengeninduzierte Prozesskosten. Erscheint dem Controller der Anteil an lmn-Kosten einer bestimmten Kostenstelle zu hoch, können diese über die künstliche Einführung von Maßgrößen in lmi-Kosten umdefiniert werden – mit entsprechenden Auswirkungen auf den Aussagegehalt der auf diese Weise beeinflussten Ergebnisse.

3. Ermittlung von Kostentreibern/Bezugsgrößen

In diesem Schritt werden Grundgedanken der Grenzplankostenrechnung – nämlich die Suche nach Kosteneinflussgrößen in den direkten Bereichen – auf die indirekten Bereiche übertragen.

Für jede lmi-Tätigkeit bzw. für die Teil- und Hauptprozesse wird gefragt, welches quantitative Merkmal die Kosten der Tätigkeit bzw. des Prozesses beeinflusst bzw. treibt. Daher nennt man das Merkmal auch Kostentreiber.

Beispiele:

Tätigkeiten	**Kostentreiber**
Angebote einholen	Zahl der Angebote
Prüfungen durchführen	Zahl der Prüfungen
Beanstandungen erstellen	Zahl der Fehler

Teilprozesse	**Kostentreiber**
Serienmaterial bestellen	Zahl der Bestellungen
QS-Prüfung Rohstoffe	Zahl der Proben
Serienmaterial lagern	m^3 - Lagerraum

Hauptprozesse	**Kostentreiber**
Serienmaterial beschaffen	Zahl der Beschaffungsvorgänge

Die Kostentreiber sind die zentralen Größen der Prozesskostenrechnung. An sie sind verschiedene Anforderungen zu stellen. Die wichtigsten Anforderungen sind:

1. Es sollte eine (proportionale) Beziehung zwischen Kostenstellenkosten und Kostentreibern bestehen.
2. Es sollte eine nachvollziehbare Beziehung zwischen Kostentreibern und Kostenträgern/Endprodukten bestehen.

Zu 1. Beziehungen zwischen Kostenstellenkosten und Kostentreibern

„Als Maßgröße eignen sich nur solche Größen, die mengenmäßig erfassbar sind und die einen nachvollziehbaren und willkürfreien Zusammenhang zwischen Maßgröße und den zu messenden Sachverhalten gewährleisten. Für Größen, die als Kostentreiber Verwendung finden sollen, resultiert daraus die Forderung, dass zwischen der Anzahl geleisteter Kostentreibereinheiten und der Kostenhöhe eine hohe Korrelation bestehen muss. Am aussagefähigsten und daher bei der Auswahl der Kostentreiber auch anzustreben, ist eine proportionale Beziehung zwischen Kostentreiber und Kostenhöhe.“ (Braun, 1994, S. 55)

Die Kostentreiber sind die eigentlichen Bezugsgrößen für die Verrechnung der anfallenden indirekten Gemeinkosten. Sie treten an die Stelle der bisher gebräuchlichen Bezugs- bzw. Schlüsselgrößen, z.B. an die Stelle der Materialeinzelkosten oder der Fertigungslöhne in der traditionellen Zuschlagskalkulation. Wenn keine Beziehung zwischen den Kostenstellenkosten und den Kostentreibern besteht, ist eine Verrechnung der Kostenstellenkosten über die Kostentreiber nicht sinnvoll.

Beispiel:

Wenn sich die Kosten für den Prozess "Bestellungen abwickeln" mit steigender Zahl der Bestellungen nicht erhöhen, ist es nicht sinnvoll, einem Auftrag mit einem zusätzlichen Bestellbedarf für die zusätzliche Bestellung anteilig Kosten des Prozesses „Bestellungen abwickeln“ anzulasten. Denn die durch den Auftrag zusätzlich ausgelöste Bestellung hat in Wahrheit keine zusätzlichen Kosten ausgelöst.

Man kann sogar noch genauer argumentieren. Es muss nicht nur eine Beziehung zwischen Kostenstellenkosten und Kostentreibern bestehen, sondern die Beziehung sollte auch proportional sein. Das ergibt sich daraus, dass zum Schluss der Kostenstellenrechnung Prozesskostensätze z.B.

€/Angebot einholen

ermittelt werden, d.h. für jedes „Angebot einholen“ immer dieselben Kosten verrechnet werden. Dieses Vorgehen ist nur sinnvoll, wenn die Kostenstellenkosten immer um denselben Betrag steigen, wenn z.B. ein Angebot mehr eingeholt wird (= proportionale Beziehung zwischen Kosten und Kostentreibern).

zu 2. Beziehungen zwischen Kostentreibern und Kostenträgern/Endprodukten

Nur wenn man Kostentreiber findet, die nicht nur in Beziehung zu den Kostenstellenkosten stehen, sondern auch noch in eine nachvollziehbare Beziehung zu den Kostenträgern (i.d.R. die Endprodukte) gebracht werden können, ist eine Verrechnung der Gemeinkosten nach Maßgabe der spezifischen Inanspruchnahme der indirekten Bereiche durch die Kostenträger möglich.

Die folgenden Beispiele zeigen, dass es bei produktnahen Prozessen eher als bei produktfernen Prozessen möglich ist, eine plausible Beziehung zwischen den Kostentreibern und den Kostenträgern herzustellen. Das ist eine wichtige Erkenntnis für die Kalkulation, weil daraus die Notwendigkeit zweier unterschiedlicher Kalkulationsverfahren resultiert (vgl. dazu S. 50 ff.).

indirekter Bereich	Prozess	Produktnähe	Kostentreiber	Beziehung zu den Kostenträgern
Lager	Ein- und Auslagerungen durchführen	produktnah	Stücklisten-positionen	unmittelbar nachvollziehbare Beziehung erkennbar, weil diverse Ein- und Auslagerungen in Stücklistenpositionen im Zusammenhang mit der Herstellung eines Kostenträgers erforderlich sind
Fertigungs-steuerung	Fertigungsaufträge steuern	produktnah	Zahl der Fertigungsstufen	unmittelbar nachvollziehbare Beziehung erkennbar , weil die Kostenträger bei der Herstellung Fertigungsstufen durchlaufen
Controlling	Betriebsabrechnungsbogen erstellen	produktfern	Zahl der Kostenarten und Kostenstellen	unmittelbar nachvollziehbare Beziehung zu den Kostenträgern nicht erkennbar
Lohnabrechnung	Lohnabrechnungen erstellen	produktfern	Zahl der Lohnabrechnungen	unmittelbar nachvollziehbare Beziehung zu den Kostenträgern nicht erkennbar

Man fasst die beiden Anforderungen an die Kostentreiber auch unter dem Stichwort „doppelte Funktionalität“ zusammen. Der Ausdruck stammt aus der Grenzplankostenrechnung und besagt, dass die Bezugsgrößen ihrer Höhe nach sowohl zu den variablen Stellenkosten als auch zur Ausbringungsmenge an Kostenträgern proportional sind. Nur unter diesen Voraussetzungen ist eine Bezugsgröße nicht nur ein geeigneter Indikator für die Kostenstellenkontrolle, sondern auch zugleich verursachungsgerechter Verrechnungsmaßstab für die Kalkulation (vgl. z.B. Glaser, 1992, S. 287). Kritiker der Prozesskostenrechnung sehen diese doppelte Funktionalität in den indirekten Leistungsbereichen selten gegeben. Diese Ansicht vertritt auch Kilger: Da die indirekten Bereiche „in der Regel nicht unmittelbar erzeugnisbezogen tätig werden, sind ihre Bezugsgrößen zwar zur Leistungsmessung und daher für die Durchführung des Soll-Ist-Kostenvergleichs geeignet, nicht aber für die unmittelbare kalkulatorische Weiterverrechnung auf die betrieblichen Erzeugnisse.“ (Kilger, 1993, S. 327).

Zur Bildung von Hauptprozessen und Kostentreibern:

In der Literatur wird häufiger empfohlen, nur Teilprozesse mit identischen Kostentreibern zu einem Hauptprozess zusammenzufassen (vgl. z.B. Glaser, 1992, S. 278). Dadurch soll sichergestellt werden, dass in der sich an die Kostenstellenrechnung anschließenden Kalkulation über Hauptprozesse (vgl. dazu Fallstudie I, S. 52 ff.) die Kosten allein auf der Basis der Kosteneinflussgröße verrechnet werden, der sie einheitlich unterliegen. Mayer (1990, S. 309 f.) verdichtet z.B. die Teilprozesse

- Kaufteile disponieren,
- Fertigungsaufträge steuern,
- Materialbereitstellung,
- Qualitätsüberwachung,

die alle den Kostentreiber „Anzahl der Fertigungsaufträge" haben, zum Hauptprozess „Fertigungsaufträge abwickeln". Entsprechend weist der Hauptprozess den Kostentreiber „Anzahl der Fertigungsaufträge" auf.

In der Praxis lässt sich das nicht immer so umsetzen. So könnte sich z.B. in einem Krankenhaus folgende Prozesshierarchie ergeben (vgl. Güssow/Greulich/Ott, 2002):

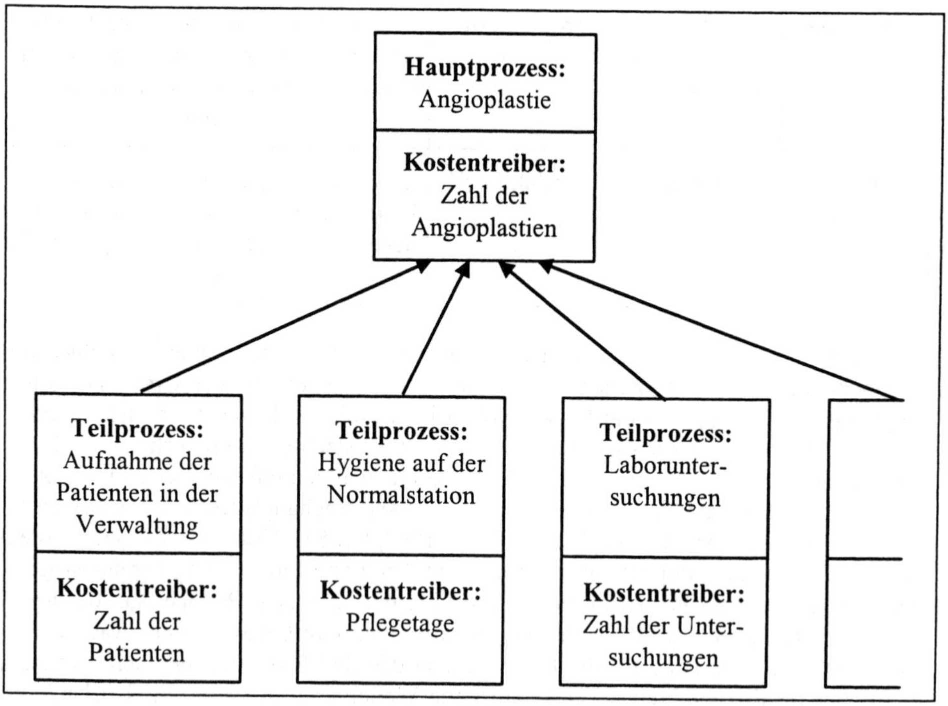

Abb. 14: Prozesshierarchie in einem Krankenhaus

Für die Kalkulation ergibt sich daraus kein Problem, solange die Prozesskoeffizienten bekannt sind. Prozesskoeffizienten geben an, wie oft ein Teilprozess zur Erbringung des Hauptprozesses durchgeführt werden muss (vgl. Möhlmann/Magatzki/Kadelbach, 2000, S. 494). Im vorgenannten Fall geben sie an, wieviele Patienten, Laboruntersuchungen und Pflegetage für eine Angioplastie zu veranschlagen sind.

Ein anderes Problem ergibt sich, wenn ein Teil- oder Hauptprozess mehr als einer Kosteneinflussgröße unterliegt.

Beispiel:

Die Kosten des Hauptprozesses „Fertigungsauftragskommissionierung" hängen z.B. ab von

- der Zahl zu kommissionierender Stücklistenpositionen und
- der Stückzahl, die je Position entnommen wird.

In solchen Fällen bieten sich zwei Lösungswege an:

a. Horváth/Mayer (1993, S. 18) schlagen vor, den Prozessen nur den Hauptkosteneinflussfaktor zuzuordnen. Im Beispiel wäre das die Zahl der Stücklistenpositionen. Untersuchungen haben nämlich ergeben, dass nur ca. 20% des Kommissionierungsaufwands durch die Stückzahl, aber 80% durch die Zahl der Stücklistenpositionen verursacht wird. Dieses Vorgehen lehnt sich an die Grenzplankostenrechnung an, in der Kilger für die Bezugsgrößendifferenzierung zum selben Problem wie folgt Stellung genommen hat: „Durch eine entsprechend große Anzahl von Bezugsgrößen ist es theoretisch zwar in allen Fällen möglich, sämtliche relevanten Kosteneinflüsse richtig zu erfassen, die Plankostenrechnung ist aber nicht nur ein kostentheoretisches System, sondern ein Verfahren der Kostenrechnung, das in der Praxis funktionieren muss." (Kilger, 1993, S. 313)

b. Die Kosten der Prozesse werden so aufgeteilt und verrechnet, wie die Einflussgrößen die Prozesskosten bestimmen. Im vorgenannten Fall würden also 20% der Kosten des hauptprozesses „Fertigungsauftragskommissionierung" über die zu kommissionierten Stückzahlen auf die Kostenträger verrechnet und 80% über die Zahl der Stücklistenpositionen (vgl. dazu auch Fallstudie II: Prozessorientierte Kalkulation (indirekter Produkt/Prozesszusammenhang), S. 59 ff.)

In der Literatur werden Kostentreiber gelegentlich in strategische und operative Kostentreiber unterschieden (vgl. z.B. Zirkler, 1999, S. 354-355). Dabei konkretisiert die vorgenannte Definition eines Kostentreibers – nämlich, dass ein Kostentreiber ein quantitatives Merkmal ist, das die Kosten eines Prozesses beeinflusst (vgl. S. 39) – die operativen Kostentreiber. Operative Kostentreiber sind auf die laufende Geschäftstätigkeit gerichtet. Dagegen zielen strategische Kostentreiber auf strategische Entscheidungen und deren Umsetzung. Unter strategischen Kostentreibern versteht man langfristige und nachhaltige Ursachenkomplexe des Kostenniveaus (vgl. Zirkler, 1999, S. 355).

Beispiele für strategische Kostentreiber sind:

- Anlageneffektivität,
- Zeitwahl (Entscheidungen über den Zeitpunkt des Markteintritts),
- Standort,
- Fertigungstiefe (make or buy),
- Erfahrung (Lernkurve).

Wenn im Folgenden von Kostentreibern gesprochen wird, sind ausschließlich operative Kostentreiber gemeint.

4. Ermittlung von Kostentreibermengen

Um Verzerrungen durch kurzfristige Ereignisse zu vermeiden, wird meist ein Zeitraum von einem Jahr oder mehr bei der Planung der Kostentreibermengen (= Prozessmengen) empfohlen.

Das Schrifttum der Prozesskostenrechnung enthält keine eigenen Empfehlungen zur Bestimmung der Kostentreibermengen. Es verweist vielmehr auf bekannte Quellen oder Verfahren, die zur Ermittlung der benötigten Informationen beitragen können. Horváth/Mayer (1989, S. 217) z.B. schlagen vor, bei der Ermittlung der Kostentreibermengen auf ein Verfahren der Grenzplankostenrechnung zur Planung der Bezugsgrößenmengen zurückzugreifen. Es handelt sich um die Engpassplanung (zur Engpassplanung vgl. Kilger, 1993, S. 337-341). Bei Anwendung dieses Verfahrens werden die Kostentreibermengen auf der Grundlage des erwarteten relevanten Engpasses der Planperiode festgelegt. In der Regel wird der Absatz der relevante Engpass sein, an dem sich dann auch die Prozessmengen der indirekten Bereiche orientieren müssen.

Bei der Planung der Kostentreibermengen wird als wesentlicher Vorteil der Prozesskostenrechnung die Verdichtung von Tätigkeiten und Teilprozessen zu kostenstellenübergreifenden Hauptprozessen genannt. Erst die Kenntnis der Hauptprozesse würde eine vernünftige Planung in den Kostenstellen möglich machen. Eine detaillierte, aufeinander abgestimmte Kostenstellenplanung wäre nicht möglich, wenn unzählige Tätigkeiten bzw. Teilprozesse unabhängig voneinander geplant werden. Sie würde aber möglich, wenn man bei der Planung mit den wenigen kostenstellenübergreifenden Hauptprozessen beginnt, deren Mengenvolumina plant und davon ausgehend – entlang der Prozesshierarchie – die notwendigen Teilprozesse und Tätigkeiten sowie die dadurch erforderlichen Kapazitäten sowie deren Kosten in den einzelnen Kostenstellen ableitet. Das klingt überzeugend, kann aber praktisch ein Problem sein. Es muss nämlich eine plausible Produkt / Prozessmengenstruktur – ähnlich einer Stückliste – definiert bzw. hinterlegt werden.

Beispiel:

Ausgehend vom geplanten Produktionsprogramm muss man festlegen,

- wie oft welche Hauptprozesse erforderlich sind,
- welche Teilprozessmengen bzw. Tätigkeitsmengen durchschnittlich zur einmaligen Durchführung eines Hauptprozesses erforderlich sind (Festlegung der Prozesskoeffizienten (vgl. dazu noch einmal S. 43).

Aufbauend auf dieser Mengenstruktur, lassen sich die erforderlichen Teilprozessmengen/Tätigkeitsmengen in den Kostenstellen ableiten. In der Literatur finden sich keine Beispiele für den Aufbau solcher Produkt/Prozessmengenstrukturen.

5. Planung der Prozesskosten

Wenn feststeht, wie oft die einzelnen kostenstellenübergreifenden Hauptprozesse und die Teilprozesse sowie Tätigkeiten in den Kostenstellen in der geplanten Periode durchgeführt werden, werden die Kosten der Tätigkeiten bzw. der Teilprozesse in den indirekten Kostenstellen geplant. Hierbei handelt es sich in erster Linie um Personalkosten, in zweiter Linie um Raum-, Strom- und Büromaterialkosten. Für die Kostenplanung stehen zwei Alternativen zur Verfügung:

a. Analytische Planung der Prozesskosten

Bei der analytischen Kostenplanung gilt der Grundsatz, nicht von den Istkosten der Vergangenheit auszugehen. Vielmehr werden auf der Basis der Planprozessmengen alle Kostenarten mit Hilfe technisch-kostenwirtschaftlicher Analysen originär geplant. Die analytische Kostenplanung ist sehr aufwendig. In der Praxis wird daher – wenn überhaupt – meist eine vereinfachte analytische Kostenplanung durchgeführt. Sie besteht in einer analytischen Planung der Personalkosten und einer proportionalen Umlage der übrigen Kosten der indirekten Bereiche.

b. Retrograde Bestimmung der Prozesskosten, ausgehend von Kostenstellenbudgets auf der Grundlage von Zuordnungsschlüsseln wie „Mannjahre“

Die retrograde Ermittlung der Planprozesskosten ist weniger aufwendig und wird daher in der Praxis häufig bevorzugt. Bei der retrograden Ermittlung werden die Kostenstellenbudgets auf die einzelnen Prozesse entsprechend der Mannjahre aufgeteilt, die zur Prozessverrichtung vorgesehen sind. Ein Mannjahr ist die Maßgröße für die Arbeitsleistung, die eine Person pro Jahr erbringt. Dabei wird eine Substituierbarkeit von Zeit und Personenzahl unterstellt, z.B. 1 Mannjahr = 1 Person, die ein Jahr arbeitet = 2 Personen, die ½ Jahr arbeiten = ½ Person, die 2 Jahre arbeitet. Die für jeden Prozess benötigten Mannjahre sind dabei vorrangig auf der Grundlage von Interviews mit den Kostenstellenleitern festzulegen. Dabei erweist sich der im Rahmen der Tätigkeitsanalyse erhobene bzw. geschätzte Zeitbedarf pro Tätigkeit als hilfreich.

Beispiel:

Die Kostenstelle „Einkauf“ hat ein Jahresbudget von 600 000 €. Das Interview mit dem Kostenstellenleiter hat folgende Zuordnung von Mannjahren auf die Teilprozesse der Kostenstelle ergeben:

Teilprozesse	**Kostentreiber**	**Kostentreibermengen**	**Mannjahre**
Rahmenverträge abschließen	Rahmenverträge	70	0,7
Abrufe über Rahmenverträge	Abrufe	1 500	0,9
Bestellungen Serienmaterial	Einzelbestellungen	2 000	1,8
Bestellungen Gemeinkostenmaterial	Bestellungen	1 000	0,9
Lieferantenkontakte halten	Lieferanten	100	0,7
Abteilung leiten			1,0
Σ Mannjahre			**6,0**

Die Zuordnung des Kostenstellenbudgets über die Mannjahre ergibt dann folgende Prozesskosten:

600 000 € : 6,0 Mannjahre = 100 000 €/Mannjahr

Teilprozesse	**Kosten-treiber**	**Kostentrei-bermengen**	**Mann-jahre**	**lmi-Prozess-kosten**	**lmn-Prozess-kosten**
Rahmenverträge abschließen	Rahmen-verträge	70	0,7	70 000 €	
Abrufe über Rahmenverträge	Abrufe	1 500	0,9	90 000 €	
Bestellungen Se-rienmaterial	Einzelbe-stellungen	2 000	1,8	180 000 €	
Bestellungen Gemeinko-stenmaterial	Bestellun-gen	1 000	0,9	90 000 €	
Kontakte mit Lie-feranten halten	Lieferanten	100	0,7	70 000 €	
Abteilung leiten			1,0		100 000 €
Summe			**6,0**	**500 000 €**	**100 000 €**

Die Kenntnis der kostenstellenbezogenen Teilprozesse sowie der kostenstellenübergreifenden Hauptprozesse und ihrer Kosten schafft eine bisher nicht vorhandene Kostentransparenz in den indirekten Bereichen. Die Teilprozesse und die Hauptprozesse zeigen Ansatzpunkte für Kosteneinsparungen im indirekten Bereich auf. Maßnahmen zur Kosteneinsparung können sich zum einen darauf richten, die Prozesse kostengünstiger zu gestalten (z.B. durch EDV-Einsatz oder die Verbesserung von Ablaufstrukturen). Zum anderen können sie darauf abzielen, die Prozesse mengenmäßig zu verringern (z.B. durch die Verringerung der Zahl der Produktvarianten).

6. Ermittlung von Prozesskostensätzen

Analog den Zuschlags- bzw. Verrechnungssätzen in der Vollkostenrechnung und den Kalkulationssätzen der Grenzplankostenrechnung werden auch in der Prozesskostenrechnung am Ende der Kostenstellenrechnung Kostensätze – die Prozesskostensätze – ermittelt. Sie werden zur Kalkulation benötigt, d.h. sie ermöglichen die Verrechnung der Kosten der indirekten Bereiche auf die Kostenträger. Die Ermittlung von Prozesskostensätzen dient also der Anbindung der Prozesskostenstellenrechnung an die prozessorientierte Kalkulation.

Entsprechend der Differenzierung von Tätigkeiten bzw. Prozessen in lmi- und lmn-Prozesse werden in der Prozesskostenrechnung auch zwei Prozesskostensätze gebildet, nämlich der

- lmi-Prozesskostensatz und der
- Umlagesatz (lmn-Prozesskostensatz),

die zusammen den Gesamtprozesskostensatz ergeben.

lmi-Prozesskostensatz

Ein lmi-Prozesskostensatz ergibt sich durch Division der geplanten Kosten einer lmi-Tätigkeit bzw. des lmi-Prozesses durch die Menge ihrer bzw. seines Kostentreibers. Der lmi-Prozesskostensatz gibt an, wieviel die einmalige Durchführung bzw. Inanspruchnahme der entsprechenden lmi-Tätigkeit kostet bzw. wieviel die einmalige Durchführung bzw. Inanspruchnahme des entsprechenden lmi-Prozesses kostet.

Beispiel: Rahmenverträge abschließen

70 000 € : 70 Rahmenverträge = 1 000 €/Rahmenvertrag

Würde man nur die Kosten der lmi-Prozesse kalkulieren, würden die Kosten der lmn-Prozesse bei der Kalkulation vernachlässigt. D.h., es würden nicht alle Kosten auf die Kostenträger verrechnet werden. Soll die Prozesskostenrechnung eine Vollkostenrechnung in dem Sinne sein, dass alle Kosten auf die Kostenträger verrechnet werden, müssen auch noch die lmn-Kosten umgelegt werden. Das geschieht, indem man für die lmn-Kosten sogenannte Umlagesätze (lmn-Prozesskostensätze) bildet.

Umlagesatz (lmn-Prozesskostensatz):

Die lmn-Kosten werden im Verhältnis der lmi-Prozesskosten verteilt.

(Summe lmn-Prozesskosten : Summe lmi-Prozesskosten) x 100 = Zuschlagssatz in %

Umlagesatz (€) = lmi-Kostensatz x Zuschlagssatz (%)

Gesamtprozesskostensatz:

Der Gesamtprozesskostensatz eines Prozesses ergibt sich aus der Addition des lmi-Prozesskostensatzes und des Umlagesatzes.

Zusammenfassende Übersicht über die Prozesskostenstellenrechnung

Teilprozesse		Kosten-treiber	Treiber-mengen	Prozess-kosten (€)	lmi-Satz (€)	lmn-Satz (€)	Gesamt-kostensatz (€)
Rahmenverträge abschließen	lmi	Rahmen-verträge	70	70 000	1 000	200	1 200
Abrufe über Rah-menverträge	lmi	Abrufe	1 500	90 000	60	12	72
Bestellungen Se-rienmaterial	lmi	Einzelbe-stellungen	2 000	180 000	90	18	108
Bestellungen Ge-meinkostenmate-rial	lmi	Bestellun-gen	1 000	90 000	90	18	108
Kontakte mit Lie-feranten halten	lmi	Lieferan-ten	100	70 000	700	140	840
Abteilung leiten	lmn			100 000			
Summe				**600 000**			

Zur Ermittlung der Umlagesätze – Beispiel: "Rahmenverträge abschließen":

100 000 € lmn-Kosten : 500 000 € lmi-Kosten = 20%

1 000 € lmi-Kostensatz x 20% = 200 € Umlagesatz

2.2.4 Prozessorientierte Kalkulation

Eine Zielsetzung der Prozesskostenrechnung besteht darin, eine verursachungsgerechtere Kalkulation dadurch zu erreichen, dass bei der Kalkulation die spezifische Inanspruchnahme der indirekten Bereiche durch die Kalkulationsobjekte (Kostenträger) berücksichtigt wird. Dementsprechend ist die entscheidende Frage bei der Kalkulation:

Welche (Haupt-) Prozesse nimmt ein Kalkulationsobjekt (Kostenträger) in Anspruch?

Bei der Beantwortung dieser Frage kann allerdings ein Problem auftauchen. Nicht immer besteht ein direkter Zusammenhang in dem Sinn, dass für jedes Kalkulationsobjekt die Anzahl der erforderlichen Prozesse bekannt ist. Ein solcher Zusammenhang ist häufig nur bei produktnahen Prozessen herstellbar, z.B. bei Fertigungsprozessen, die in Arbeitsplänen definiert werden können.

Beispiel für die Kalkulation eines produktnahen Prozesses:

Die Prozesskostenstellenrechnung eines Unternehmens weist für den Prozess „Lagerverwaltung" folgende Daten auf:

Prozess	Kostentreiber	Kostentreibermenge	Prozess-kosten	Prozess-kostensatz
Lagerverwaltung	Zahl der Stücklistenpositionen	10 000 Positionen	100 000 €	10 €

Das Unternehmen fertigt die Komponente x in der Losgröße 40. Für jede Komponente sind 20 unterschiedliche Fremdbezugsteile notwendig, die losbezogen aus dem Lager kommissioniert werden. In diesem Fall betragen die Kommissionierprozesskosten für 1 x:

Prozesskosten für eine Stücklistenposition		10 €
zu kommissionierende Stücklistenpositionen		20 Positionen
Prozesskosten für 20 Stücklistenpositionen	20 Pos. x 10 €/Pos. =	200 €
Losgröße x		40 Stück
→ Kommissionierprozesskosten für 1 x	**200 € : 40 Stück x =**	**5 €/x**

FH-BIBLIOTHEK HOF

Für die Fälle, in denen kein direkter Kalkulationsobjekt/Prozess-Zusammenhang gesehen wird, haben Horváth/Mayer (1989, S. 218-219) folgende Lösung entwickelt. Sie gehen davon aus, dass Stückzahlen und Variantenzahlen die Haupteinflussgrößen für das Entstehen indirekter Kosten sind. Darauf aufbauend schätzen sie für jeden Prozess den prozentualen Anteil der Planprozessmenge, der stückzahlabhängig bzw. variantenzahlabhängig entsteht. Auf dieser Grundlage lassen sich die stückzahlabhängigen und variantenzahlabhängigen Prozesskosten kalkulieren.

Beispiel für die Kalkulation eines produktfernen Prozesses:

Ein Unternehmen stellt drei Varianten her:

	Variante A	Variante B	Variante C
Stückzahl/Periode	5 000	4 000	1 000

Der Prozess „Varianten betreuen“ verursacht 24 000 €/Periode. Es wird angenommen, dass der Prozess und damit auch seine Kosten zu 50 % durch die hergestellten Stücke und zu 50 % durch die Variantenzahl bestimmt wird. In diesem Fall betragen die Betreuungsprozesskosten z.B. für jedes Stück der Variante C:

	C
stückzahlabhängige Betreuungsprozesskosten: 12 000 € : 10 000 Stück = 1,20 €/Stück	1,20 €/St.
variantenzahlabhängige Betreuungsprozesskosten: 12 000 € : 3 Varianten = 4 000 €/Variante	4 000 €/Var. : 1 000 St./Var. = 4,00 €/St.
→ Betreuungsprozesskosten	**5,20 €/St.**

Beide Kalkulationsverfahren werden nachfolgend noch einmal ausführlich anhand umfangreicherer Fallstudien verdeutlicht. Fallstudie I zeigt eine Kalkulation, wenn ein direkter Zusammenhang zwischen Kalkulationsobjekt und Prozessen erkennbar ist. Fallstudie II veranschaulicht eine Kalkulation, wenn nur von einem indirekten Produkt/Prozesszusammenhang ausgegangen wird. Außerdem zeigt Fallstudie II die Unterschiede zwischen einer prozessorientierten Kalkulation und einer Kalkulation nach der traditionellen Zuschlagskalkulation auf.

Fallstudie I: Prozessorientierte Kalkulation (direkter Produkt/Prozesszusammenhang)

(in enger Anlehnung an Horváth/Mayer, 1993, S. 25-26)

In einem Unternehmen hat die Verdichtung kostenstellenbezogener Teilprozesse zu kostenstellenübergreifenden Hauptprozessen u.a. folgendes Ergebnis gebracht:

Nr.	Hauptprozesse	Kostentreiber	Kostentreiber-Menge	lmi-Kosten (€)	Gesamt-Kosten (€)	lmi-Kostensatz (€)	Gesamtkostensatz (€)
1	Beschaffung Serienmaterial über Rahmenverträge	Zahl der Bestellungen	5 000	650 000	750 000	130	150
2	Lagerverwaltung	Zahl der Stücklistenpositionen	40 000	340 000	400 000	8,50	10
3	Fertigungs- bzw. Montageauftragssteuerung	Zahl der Fertigungsstufen	30 000	540 000	600 000	18	20

Endprodukt:

Das Unternehmen montiert u.a. das Endprodukt z in der Montagelosgröße 5 in 3 Fertigungsstufen. Für 1 z werden benötigt:

- 1 fremdbezogene Komponente,
- 10 fremdbezogene Einzelteile,
- 1 eigengefertigte Komponente.

Die insgesamt 12 Teile werden montagelosbezogen aus dem Lager kommissioniert. Die Montageeinzelkosten betragen 40 €/Stück z.

Zur fremdbezogenen Komponente

Die fremdbezogene Komponente ist Serienmaterial, das über Rahmenverträge in der Losgröße 10 zum Stückpreis von 90 € beschafft und eingelagert wird.

Zu den Fremdbezugsteilen

Die 10 unterschiedlichen Fremdbezugsteile sind ebenfalls Serienmaterial, das über Rahmenverträge jeweils in der Durchschnittslosgröße von 1 000 (Mehrfachverwendungsteile) zum durchschnittlichen Stückpreis von 1 € beschafft und eingelagert wird.

Zur eigengefertigten Komponente

Die eigengefertigte Komponente wird in 10 Fertigungsstufen in der Losgröße 20 hergestellt. Für jede eigengefertigte Komponente sind 20 unterschiedliche Fremdbezugsteile notwendig, die losbezogen aus dem Lager kommissioniert werden. Die Fremdbezugsteile für die eigengefertigte Komponente sind Serienmaterial, das über Rahmenverträge jeweils in der Durchschnittslosgröße 100 zu einem durchschnittlichen Stückpreis von 4 € beschafft und eingelagert wird. Die Fertigungseinzelkosten für die eigengefertigte Komponente betragen 50 €/Komponente.

Die Kalkulation der Herstellkosten für ein Stück des Endprodukts z vollzieht sich in mehreren Schritten:

1. Bestimmung der Materialeinzelkosten für 1 z
2. Bestimmung der Fertigungseinzelkosten für 1 z
3. Bestimmung der Prozesskosten für 1 z
   a. Beschaffungsprozesskosten (HP 1)

      Es sind verschiedene Beschaffungen nötig, nämlich

      - Beschaffung der fremdbezogenen Komponente,
      - Beschaffung der Fremdbezugsteile,
      - Beschaffung der Fremdbezugsteile für die eigengefertigte Komponente.

   b. Lagerprozesskosten (HP 2)

      Es sind verschiedene Ein- und Auslagerungsvorgänge nötig, nämlich

      - Einlagerung der fremdbezogenen Komponente,
      - Einlagerung der Fremdbezugsteile,
      - Einlagerung der Fremdbezugsteile für die eigengefertigte Komponente,
      - Kommissionierung für die eigengefertigte Komponente,
      - Einlagerung der eigengefertigten Komponente,
      - Kommissionierung für das Endprodukt z,
      - (die Einlagerung des Endprodukts z gehört nicht zu den Herstellkosten, sondern bezieht sich auf einen Zeitraum nach der Herstellung).

c. Fertigungs- bzw. Montageauftragssteuerungskosten (HP 3)

Es sind verschiedene Fertigungs- bzw. Montagevorgänge zu steuern, nämlich

- Fertigung der eigengefertigte Komponente,
- Montage des Endprodukts z.

Die Kalkulation selbst sieht dann wie folgt aus:

1. Bestimmung der Materialeinzelkosten für 1 z

- für 1 fremdbezogene Komponente	1 K./z x 90 €/K. =	90 €/z
- für 10 Fremdbezugsteile	10 T./z x 1 €/T. =	10 €/z
- für 20 Fremdbezugsteile	20 T./z x 4 €/T. =	80 €/z
		180 €/z

2. Bestimmung der Fertigungs- bzw. Montageeinzelkosten für 1 z

- für die Montage der 12 Teile	40 €/z
- für die eigengefertigte Komponente	50 €/z
	90 €/z

3. Bestimmung der Prozesskosten

a. Beschaffungsprozesskosten (HP 1)

Beschaffung der fremdbezogenen Komponente

- Prozesskosten für einen Beschaffungsvorgang		150 €/B.
- Losgröße		10 K./B.
- Beschaffungsprozesskosten/Komponente	150 €/B. : 10 K./B. =	15 €/K.
- Bedarf für 1 z	= 1 K. → 1 K./z x 15 €/K. =	**15 €/z**

Beschaffung der 10 Fremdbezugsteile

- Prozesskosten für einen Beschaffungsvorgang		150 €/B.
- Losgröße (je Teil)		1 000 T./B.
- Beschaffungsprozess-kosten/Teil	150 €/B. : 1 000 T./B. = (bzw. 1 500 € : 10 000 T.)	0,15 €/T.
- Bedarf für 1 z	= 10 T. → 10 T./z x 0,15 €/T. =	**1,50 €/z**

Beschaffung der 20 Fremdteile für die eigengefertigte Komponente

- Prozesskosten für einen Beschaffungsvorgang		150 €/B.
- Losgröße (je Teil)		100 T./B.
- Beschaffungsprozess-kosten/Teil	150 €/B. : 100 T./B. = (bzw. 3 000 € : 2 000 T.)	1,50 €/T.
- Bedarf für 1 z	= 20 T. → 20 T./z x 1,50 €/T. =	**30 €/z**

b. Lagerprozesskosten (HP 2)

Einlagerung der fremdbezogenen Komponente

- Prozesskosten für eine Stücklistenposition		10 €/P.
- Losgröße		10 K./P.
- Einlagerungsprozess-kosten/Komponente	10 €/P. : 10 K./P. =	1 €/K.
- Bedarf für 1 z	= 1 K. → 1 K./z x 1 €/K. =	**1 €/z**

Einlagerung der 10 Fremdbezugsteile

- Prozesskosten für eine Stücklistenposition		10 €/P.
- Losgröße (je Teil)		1 000 T.
- Einlagerungsprozess-kosten/Teil	10 €/P. : 1 000 T./P. = (bzw. 100 € : 10 000 T.)	0,01 €/T.
- Bedarf für 1 z	= 10 T. → 10 T./z x 0,01 €/T. =	**0,10 €/z**

Einlagerung der 20 Fremdbezugsteile für die eigengefertigte Komponente

- Prozesskosten für eine Stücklistenposition		10 €/P.
- Losgröße (je Teil)		100 T.
- Einlagerungsprozess-kosten/Teil	10 €/P. : 100 T./P. = (bzw. 200 € : 2 000 T.)	0,10 €/T.
- Bedarf für 1 z	= 20 T. → 20 T./z x 0,10 €/T. =	**2 €/z**

Kommissionierung für die eigengefertigte Komponente

- Prozesskosten für eine Stücklistenposition		10 €/P.
- zu kommissionierende Stücklistenpositionen		20 P.
- Prozesskosten für 20 Positionen	20 P. x 10 €/P. =	200 €
- Losgröße der eigenge-fertigten Komponente		20 K.
- Kommissionierprozess-kosten/Komponente	200 € : 20 K. =	10 €/K.
- Bedarf für 1 z	= 1 K. → 1 K./z x 10 €/K. =	**10 €/z**

Einlagerung der eigengefertigten Komponente

- Prozesskosten für eine Stücklistenposition		10 €/P.
- Losgröße		20 K.
- Einlagerungsprozess-kosten/Komponente	10 €/P. : 20 K./P. =	0,50 €/K.
- Bedarf für 1 z	= 1 K. → 1 K./z x 0,50 €/K. =	**0,50 €/z**

Kommissionierung für den Montageauftrag

- Prozesskosten für eine Stücklistenposition		10 €/P.
- zu kommissionierende Stücklistenpositionen		12 P.
- Prozesskosten für 12 Positionen	12 P. x 10 €/P. =	120 €
- Montagelosgröße z		5 z
- Kommissionierprozess-kosten/z	120 € : 5 z =	**24 €/z**

c. Fertigungs- bzw. Montageauftragssteuerungsprozesskosten (HP 3)

Fertigungssteuerung der eigengefertigten Komponente

- Prozesskosten für eine Fertigungsstufe		20 €/Fs.
- Fertigungsstufen		10 Fs.
- Prozesskosten für 10 Fertigungsstufen	10 Fs. x 20 €/Fs. =	200 €
- Losgröße der eigen-gefertigten Komponente		20 K.
- Fertigungssteuerungs-prozesskosten/Komp.	200 € : 20 K. =	10 €/K.
- Bedarf für 1 z	= 1 K.p. → 1 K./z x 10 €/K. =	**10 €/z**

Steuerung des Montageauftrags

- Prozesskosten für eine Fertigungsstufe		20 €/Fs.
- Fertigungsstufen		3 Fs.
- Prozesskosten für 3 Stufen	3 Fs.x 20 €/Fs. =	60 €
- Montagelosgröße z		5 z
- Fertigungssteuerungsprozesskosten/z	60 € : 5 z =	**12 €/z**

Zusammenfassung der Ergebnisse:

	Materialeinzelkosten	180,00 €		
+	Fertigungseinzelkosten	90,00 €	Σ Einzelkosten	270,00 €
+	Beschaffungsprozesskosten	15,00 €		
		1,50 €		
		30,00 €	Σ Beschaffungsprozesskosten	46,50 €
+	Lagerprozesskosten	1,00 €		
		0,10 €		
		2,00 €		
		10,00 €		
		0,50 €		
		24,00 €	Σ Lagerprozesskosten	37,60 €
+	Steuerungsprozesskosten	10,00 €		
		12,00 €	Σ Steuerungsprozesskosten	22,00 €
=	**Herstellkosten für 1 z**	**376,10 €**		**376,10 €**

Fallstudie II: Prozessorientierte Kalkulation (indirekter Produkt/Prozesszusammenhang)

Ein Unternehmen stellt drei Varianten eines Produkts her:

Varianten	**A**	**B**	**C**
Materialeinzelkosten (€/Stück)	50	50	50
Stückzahl	90 000	20 000	10 000

Auszug aus der Prozesskostenstellenrechnung:

Prozess	**Kostentreiber**	**Prozessmenge**	**lmi-Prozesskosten (€)**	**lmn-Prozesskosten (€)**	**Gesamtprozesskostensatz (€)**
Rahmenverträge abschließen	Rahmenverträge	70	70 000		1 200
Abrufe über Rahmenverträge	Abrufe	1 500	90 000		72
Bestellungen Serienmaterial	Einzelbestellungen	2 000	180 000		108
Bestellungen Gemeinkostenmaterial	Bestellungen	1 000	90 000		108
Kontakte mit Lieferanten halten	Lieferanten	100	70 000		840
Abteilung leiten				100 000	
Summe			500 000	100 000	

Es wird angenommen, dass die Prozessmengen durch die hergestellten Stückzahlen und durch die Zahl der Produktvarianten in folgender Weise bestimmt werden:

Prozesse	**stückzahlabhängige Prozessmenge**	**variantenzahlabhängige Prozessmenge**
Rahmenverträge abschließen	10 %	90 %
Abrufe über Rahmenverträge	50 %	50 %
Bestellungen Serienmaterial	50 %	50 %
Bestellungen Gemeinkostenmaterial	50 %	50 %
Kontakte mit Lieferanten	10 %	90 %

Im Folgenden werden die Materialkosten für je ein Stück jeder Produktvariante nach der Prozesskostenrechnung und nach der traditionellen Zuschlagskalkulation ermittelt.

Kalkulation nach der Prozesskostenrechnung:

1. Ermittlung der stückzahl- und variantenzahlabhängigen Prozessmengen

Prozesse	**Prozessmengen**	**stückzahlabhängig**	**variantenzahlabhängig**
Rahmenverträge abschließen	70	10 % = 7	90 % = 63
Abrufe über Rahmenverträge	1 500	50 % = 750	50 % = 750
Bestellungen Serienmaterial	2 000	50 % = 1 000	50 % = 1 000
Bestellungen Gemeinkostenmaterial	1 000	50 % = 500	50 % = 500
Kontakte mit Lieferanten halten	100	10 % = 10	90 % = 90

2. Ermittlung der stückzahl- und variantenzahlabhängigen Prozesskosten

Prozesse	**stückzahlabhängige Prozesskosten**	**variantenzahlabhängige Prozesskosten**
Rahmenverträge abschließen	7 Prozesse x 1 200 €/P. = 8 400 €	63 Prozesse x 1 200 €/P. = 75 600 €
Abrufe über Rahmenverträge	750 Prozesse x 72 €/P. = 54 000 €	750 Prozesse x 72 €/P. = 54 000 €
Bestellungen Serienmaterial	1 000 Prozesse x 108 €/P. = 108 000 €	1 000 Prozesse x 108 €/P. = 108 000 €
Bestellungen Gemeinkostenmaterial	500 Prozesse x 108 €/P. = 54 000 €	500 Prozesse x 108 €/P. = 54 000 €
Kontakte mit Lieferanten halten	10 Prozesse x 840 €/P. = 8 400 €	90 Prozesse x 840 €/P. = 75 600 €

Für die Kalkulation der Stückkosten verfährt man wie folgt weiter:

- Da sich die stückzahlabhängigen Prozesskosten auf alle Stücke gemeinsam – d.h. die Stücke aller Varianten zusammen – beziehen, werden sie durch die Gesamtstücke dividiert. Unabhängig davon, zu welcher Variante ein Stück gehört, erhält es daher denselben Kostenbetrag.
- Die variantenzahlabhängigen Prozesskosten beziehen sich dagegen auf die Zahl der Varianten. Entsprechend sind sie durch die Zahl der Varianten zu dividieren: Pro Variante ergibt sich dadurch derselbe Kostenbetrag.
- Dividiert man weiter den Kostenbetrag jeder Variante durch die zugehörige Stückzahl der jeweiligen Variante, erhält man die Kosten je Stück einer Variante. Sie variieren von Variante zu Variante: Die Stückkosten hochvolumiger Varianten fallen geringer aus, als die Stückkosten niedervolumiger Varianten.
- Schließlich müssen zu den stückzahl- und variantenzahlabhängigen Prozesskosten noch die Materialeinzelkosten addiert werden. Das Ergebnis sind die Materialkosten je Stück einer Variante nach der Prozesskostenrechnung.

3. Ermittlung der stückzahlabhängigen Stückkosten

Prozesse		**stückzahlabhängige Stückkosten**
Rahmenverträge abschließen	8 400 € : 120 000 Stück =	0,07 €/Stück
Abrufe über Rahmenverträge	54 000 € : 120 000 Stück =	0,45 €/Stück
Bestellungen Serienmaterial	108 000 € : 120 000 Stück =	0,90 €/Stück
Bestellungen Gemeinkosten-material	54 000 € : 120 000 Stück =	0,45 €/Stück
Kontakte mit Lieferanten halten	8 400 € : 120 000 Stück =	0,07 €/Stück
Summe		**1,94 €/Stück**

4. Ermittlung der Kosten/Variante

Prozesse		**Kosten / Variante**
Rahmenverträge abschließen	75 600 € : 3 Varianten =	25 200 €/Variante
Abrufe über Rahmenverträge	54 000 € : 3 Varianten =	18 000 €/Variante
Bestellungen Serienmaterial	108 000 € : 3 Varianten =	36 000 €/Variante
Bestellungen Gemeinkosten-material	54 000 € : 3 Varianten =	18 000 €/Variante
Lieferantenkontakte halten	75 600 € : 3 Varianten =	25 200 €/Variante

5. Ermittlung der variantenzahlabhängigen Stückkosten

Prozesse	**A**	**B**	**C**
Rahmenverträge abschließen	25 200 €/Var. : 90 000 St./Var. = 0,28 €/Stück	25 200 €/Var. : 20 000 St./Var. = 1,26 €/Stück	25 200 €/Var. : 10 000 St./Var. = 2,52 €/Stück
Abrufe über Rahmenverträge	18 000 €/Var. : 90 000 St./Var. = 0,20 €/Stück	18 000 €/Var. : 20 000 St./Var. = 0,90 €/Stück	18 000 €/Var. : 10 000 St./Var. = 1,80 €/Stück
Bestellungen Serienmaterial	36 000 €/Var. : 90 000 St./Var. = 0,40 €/Stück	36 000 €/Var. : 20 000 St./Var. = 1,80 €/Stück	36 000 €/Var. : 10 000 St./Var. = 3,60 €/Stück

Prozesse	**A**	**B**	**C**
Bestellungen Gemeinkostenmaterial	18 000 €/Var. : 90 000 St./Var. = 0,20 €/Stück	18 000 €/Var. : 20 000 St./Var. = 0,90 €/Stück	18 000 €/Var. : 10 000 St./Var. = 1,80 €/Stück
Kontakte mit Lieferanten halten	25 200 €/Var. : 90 000 St./Var. = 0,28 €/Stück	25 200 €/Var. : 20 000 St./Var. = 1,26 €/Stück	25 200 €/Var. : 10 000 St./Var. = 2,52 €/Stück
Summe	**1,36 €/Stück**	**6,12 €/Stück**	**12,24 €/Stück**

Insgesamt ergeben sich damit folgende Prozessstückkosten:

	A	**B**	**C**
stückzahlabhängige Stückkosten	1,94 €/Stück	1,94 €/Stück	1,94 €/Stück
variantenzahlabhängige Stückkosten	1,36 €/Stück	6,12 €/Stück	12,24 €/Stück
Summe	**3,30 €/Stück**	**8,06 €/Stück**	**14,18 €/Stück**

Probe:

A:	3,30 €/Stück x 90 000 Stück =	297 000 €
B:	8,06 €/Stück x 20 000 Stück =	161 200 €
C:	14,18 €/Stück x 10 000 Stück =	141 800 €
Σ		600 000 €

6. Ermittlung der Materialstückkosten

	A	**B**	**C**
Materialeinzelkosten	50,00 €	50,00 €	50,00 €
Prozesskosten	3,30 €	8,06 €	14,18 €
Materialstückkosten	**53,30 €**	**58,06 €**	**64,18 €**

Kalkulation nach der traditionellen Zuschlagskalkulation:

1. Ermittlung des Zuschlagssatzes für Materialgemeinkosten

Zuschlagssatz = Materialgemeinkosten : Materialeinzelkosten

Materialgemeinkosten (MGK)	
lmi-Kosten	500 000 €
+ lmn-Kosten	100 000 €
Σ	**600 000 €**

Materialeinzelkosten (MEK)	
90 000 Stück x 50 €/Stück =	4 500 000 €
+ 20 000 Stück x 50 €/Stück =	1 000 000 €
+ 10 000 Stück x 50 €/Stück =	500 000 €
Σ	**6 000 000 €**

Zuschlagssatz = 600 000 € MGK : 6 000 000 € MEK = **10%**

2. Ermittlung der Materialstückkosten

	A	**B**	**C**
Materialeinzelkosten	50,00 €	50,00 €	50,00 €
Anteil an den Materialgemeinkosten 10% x 50 € =	5,00 €	5,00 €	5,00 €
Materialstückkosten	**55,00 €**	**55,00 €**	**55,00 €**

Ergebnis:

Bei prozessorientierter Kalkulation erhalten Varianten mit geringen Stückzahlen im Vergleich zur traditionellen Zuschlagskalkulation ein Mehrfaches an Gemeinkosten zugeteilt. Dadurch erscheinen Varianten mit geringen Stückzahlen weniger erfolgreich als in der traditionellen Rechnung. Umgekehrt erscheinen Varianten mit hohen Stückzahlen erfolgreicher als in der traditionellen Rechnung. Die Prozesskostenrechnung wirkt also der klassischen Fehlsteuerung entgegen, das Produktionsprogramm um viele niedervolumige Varianten zu erweitern, die ständig steigende Gemeinkosten in den indirekten Bereichen zur Folge hätten.

Problem:

Die Märkte sind heute durch differenzierte Kundenwünsche gekennzeichnet (vgl. dazu Kapitel 2.3 Target Costing). Es gilt also, einen betriebswirtschaftlich sinnvollen Kompromiss zwischen Variantenvielfalt und Gemeinkostenanstieg bei den Entscheidungen über das Produktionsprogramm zu finden.

2.2.5 Gemeinkostencontrolling

Das Gemeinkostencontrolling der Prozesskostenrechnung will

- mehr Leistungstransparenz schaffen, indem die Tätigkeiten der Kostenstellen detailliert aufgeführt werden,
- mehr Kostentransparenz schaffen, indem den einzelnen Tätigkeiten in den Kostenstellen Kosten zugeordnet werden.

Dadurch sollen Unwirtschaftlichkeiten sichtbar werden, die als Konsequenz Rationalisierungen durch Reduktion unproduktiver Gemeinkosten (eliminating non value added costs) bzw. Kapazitätsanpassungen zur Folge haben.

Das Gemeinkostencontrolling in der Prozesskostenrechnung umfasst folgende Schritte:

1. Ermittlung der Istkosten
2. Ermittlung der Istprozessmenge
3. Ermittlung der Prozesssollkosten
4. Abweichungsanalyse

Das Gemeinkostencontrolling kann

- kostenstellenübergreifend für die Hauptprozesse,
- oder kostenstellenbezogen für die dort ablaufenden Prozesse

durchgeführt werden.

Beispiel zum kostenstellenübergreifenden Gemeinkostencontrolling für Hauptprozesse:

In einem Unternehmen hat die Verdichtung von Teil- zu Hauptprozessen u.a. folgende Struktur ergeben:

Hauptprozess: Fertigungsaufträge abwickeln			
Teilprozess: Kaufteile disponieren	Teilprozess: Fertigungsaufträge steuern	Teilprozess: Material bereitstellen	Teilprozess: Qualitätsüberwachung

Sowohl der Hauptprozess als auch die Teilprozesse weisen den Kostentreiber „Zahl der Fertigungsaufträge" auf (vgl. Mayer, 1990, S. 309 f.). Für die Planperiode wird mit 1000 Fertigungsaufträgen gerechnet.

Für die Teilprozesse zeigt ein Auszug aus der Prozesskostenstellenrechnung folgende Daten:

Kostenstelle	Teilprozess	Kostentreiber	Plan-Prozessmenge	Plan-Prozesskosten	Prozesskostensatz
Einkauf	Kaufteile disponieren	Zahl der Fertigungsaufträge	1 000	30 000 €	30 €
Fertigungssteuerung	Fertigungsaufträge steuern	Zahl der Fertigungsaufträge	1 000	100 000 €	100 €
Lager	Materialbereitstellung	Zahl der Fertigungsaufträge	1 000	20 000 €	20 €
Labor	Qualitätsüberwachung	Zahl der Fertigungsaufträge	1 000	100 000 €	100 €

- Zeitpunkt t_0: Ermittlung der Plankosten für den Hauptprozess

Bei den geplanten 1 000 Fertigungsaufträgen ergeben sich folgende Plankosten für den Hauptprozess:

Kaufteile disponieren		30 €/Fert.-Auftr.
Fertigungsaufträge steuern		100 €/Fert.-Auftr.
Materialbereitstellung		20 €/Fert.-Auftr.
Qualitätsüberwachung		100 €/Fert.-Auftr.
Σ Plankosten eines Fertigungsauftrags		250 €/Fert.-Auftr.
Σ Plankosten des Hauptprozesses	1 000 Fert.-Auftr. x 250 €/Fert.-Auftr. =	**250 000 €**

- Zeitpunkt t_1: Gemeinkostencontrolling

1. Ermittlung der Istkosten

Unter den Istkosten versteht man die tatsächlich angefallenen Kosten. Analog zu den Istkosten der Plankostenrechnungen ist auch die Ermittlung preisbereinigter Istkosten denkbar.

Eine Analyse der Kostenstruktur hat ergeben, dass die Kosten der indirekten Bereiche des Unternehmens ausschließlich fix in Bezug auf die Beschäftigung der Kostenstellen sind. Infolgedessen entsprechen die Istkosten des Hauptprozesses seinen Plankosten, weil sie sich bei Beschäftigungsänderungen nicht automatisch mitändern.

Σ Istkosten des Hauptprozesses	**250 000 €**

2. Ermittlung der Istprozessmengen

Unter der Istprozessmenge versteht man die tatsächlich angefallenen Prozesse. Da es sich um Mengengrößen handelt, ist eine direkte Messung möglich. Es wird von einer Auslastung in Höhe von 80% ausgegangen, d.h. tatsächlich werden nur 800 Fertigungsaufträge abgewickelt.

3. Ermittlung der Prozesssollkosten

Die Prozesssollkosten werden wie folgt ermittelt:

Prozesssollkosten = Plan-Prozesskostensatz x Istprozessmenge

Die Prozesssollkosten geben an, wie hoch die Kosten bei alternativen Istprozessmengen sein dürfen. (Der Prozesskostensatz sagt, wieviel die Durchführung eines Prozesses kostet. Multipliziert mit der Istprozessmenge ergeben sich die Kosten, die insgesamt bei der Istprozessmenge anfallen dürfen.)

Die Prozesssollkosten sollen die notwendige Transparenz in den indirekten Bereichen schaffen: Sie sind die Grundlage für Diskussionen über die angemessene Höhe der Gemeinkosten. Abweichungen – d.h. Überschreitungen der Prozesssollkosten durch die Istkosten – sollen Gemeinkostenabbau initiieren.

Für den Hauptprozess ergeben sich folgende Sollkosten:

Kaufteile disponieren	30 €/Fert.-Auftr. x 800 Fert.-Auftr. =	24 000 €
Fertigungsaufträge steuern	100 €/Fert.-Auftr. x 800 Fert.-Auftr. =	80 000 €
Materialbereitstellung	20 €/Fert.-Auftr. x 800 Fert.-Auftr. =	16 000 €
Qualitätsüberwachung	100 €/Fert.-Auftr. x 800 Fert.-Auftr. =	80 000 €
Σ Prozesssollkosten des Hauptprozesses		**200 000 €**

4. Ermittlung der Abweichungen von Ist- und Prozesssollkosten des Hauptprozesses

Prozesssollkosten	Istkosten	Abweichung	Abweichungsart
200 000 €	250 000 €	50 000 €	Kostenüberschreitung

Ergebnis:

Der Ausweis der Kostenüberschreitung wird den für den Hauptprozess verantwortlichen Process Owner veranlassen, mit den Kostenstellenleitern über die Kostenstellenkosten zu diskutieren und nach Möglichkeiten für einen Gemeinkostenabbau zu suchen.

Kritische Interpretation der Abweichung:

Bei der Abweichung handelt es sich um die aus der flexiblen Plankostenrechnung auf Vollkostenbasis altbekannten Beschäftigungsabweichung, die durch die Proportionalisierung fixer Kosten entstehen. Häufig werden die Abweichungen auch Leerkosten genannt. Im Beispiel beträgt die Beschäftigung 80%, folglich sind 80% der Fixkosten Nutzkosten und 20% sind Leerkosten:

20% von 250 000 € =	50 000 €

Die Gleichsetzung von Beschäftigungsabweichungen und Leerkosten ist in der Literatur nicht unumstritten. So merkt z.B. Brühl (1995, S. 77) an, dass Leerkosten keine tatsächlichen Kostenabweichungen sind. Sie stellen lediglich den Teil der fixen Kosten dar, der auf nicht genutzte Kapazitäten entfällt. Unbestritten ist dagegen, dass der Ausweis von Leerkosten entscheidungstheoretisch problematisch ist, weil sich die Fixkosten nicht beliebig abbauen lassen. So ist es auch wieder in der Prozesskostenrechnung. Wenn ein Prozess weniger durchgeführt wird, reduzieren sich die Gemeinkosten in den indirekten Bereichen eben nicht automatisch um den Prozesskostensatz. Anders ausgedrückt: In der Regel können die Istkosten den Sollkosten gar nicht entsprechen. Somit zeigt die Beschäftigungsabweichung lediglich das langfristige Kosteneinsparpotenzial, nicht aber die Kosten, die bei wirtschaftlichem Handeln in einer Periode hätten eingespart werden müssen.

Beispiel zum kostenstellenbezogenen Gemeinkostencontrolling:

(in weiter Anlehnung an Brühl, 1995)

Kostenstelle Einkauf

- Zeitpunkt t_0: Ermittlung der Planprozesskosten

Gesamte Plankosten laut Kostenstellenbudget:	600 000 €
Insgesamt benötigte Mannjahre = Plan-Mannjahre:	6,0
Plankosten/Mannjahr	100 000 €

Teilprozesse	Plan-menge	geplante Mannjahre	Plankosten	lmi-Prozess-kostensatz
Rahmenverträge abschließen	70	0,7	70 000 €	1 000 €
Abrufe über Rahmenverträge	1 500	0,9	90 000 €	60 €
:				

■ Zeitpunkt t_1: Gemeinkostencontrolling

1. Ermittlung der Istkosten

Die Auslastung der Kostenstelle beträgt 70%. Eine Analyse der Kostenstruktur hat ergeben, dass die Kosten der Kostenstelle zu 20% variabel und zu 80% fix in Bezug auf die Beschäftigung der Kostenstellen sind. Da die Kosten der Kostenstelle nicht ausschließlich fix in Bezug auf die Beschäftigung sind, entsprechen die Istkosten der Prozesse nicht einfach den Plankosten der Prozesse. Sie müssen vielmehr wie folgt ermittelt werden:

➢ Trennung der Gesamtkosten in variable und fixe Bestandteile

Teilprozesse	**Gesamtkosten**	**variable Kosten (20%)**	**fixe Kosten (80%)**
Rahmenverträge abschließen	70 000 €	14 000 €	56 000 €
Abrufe über Rahmenverträge	90 000 €	18 000 €	72 000 €
:			

➢ Ermittlung der variablen Kosten bei 70% Auslastung

Teilprozesse	**100 % Beschäftigung**	**1% Beschäftigung**	**70% Beschäftigung**
Rahmenverträge abschließen	14 000 €	140 €	9 800 €
Abrufe über Rahmenverträge	18 000 €	180 €	12 600 €
:			

➢ Ermittlung der Istkosten

Teilprozesse	**Fixe Kosten**	**variable Kosten bei 70% Auslastung**	**Istkosten**
Rahmenverträge abschließen	56 000 €	9 800 €	65 800 €
Abrufe über Rahmenverträge	72 000 €	12 600 €	84 600 €
:			

2. Ermittlung der Istprozessmengen

Bei einer Auslastung von 70% ergeben sich folgende Istprozessmengen:

Teilprozesse	**Planprozessmenge**	**Istprozessmenge**
Rahmenverträge abschließen	70	49
Abrufe über Rahmenverträge	1 500	1 050
:		

3. Ermittlung der Prozesssollkosten

Teilprozesse	**Plan-Prozess-kostensatz**	**Istmenge**	**Prozess-sollkosten**
Rahmenverträge abschließen	1 000 €/P.	49	49 000 €
Abrufe über Rahmenverträge	60 €/P.	1 050	63 000 €
:			

4. Ermittlung der Abweichungen von Ist- und Prozesssollkosten

Teilprozesse	Prozesssoll-kosten	Istkosten	Beschäftigungs-abweichungen
Rahmenverträge abschließen	49 000 €	65 800 €	16 800 € **Kostenüberschreitung**
Abrufe über Rahmenverträge	63 000 €	84 600 €	21 600 € **Kostenüberschreitung**
:			

Ergebnis:

Der Gemeinkostenreduktionsbedarf bei den beiden Prozessen beträgt 38 400 €. Wiederum lassen sich die ermittelten Kostenüberschreitungen überprüfen, indem man die Kenntnis über die Beziehung von Beschäftigungsabweichung und Leerkosten anwendet:

Teilprozesse	Fixkosten x Nicht-auslastung	Leerkosten = Beschäf-tigungsabweichung
Rahmenverträge abschließen	56 000 € x 30% =	16 800 €
Abrufe über Rahmenverträge	72 000 € x 30% =	21 600 €
:		

In Anlehnung an die Darstellungen in den Plankostenrechnungen wird das Gemeinkostencontrolling der Prozesskostenrechnung oft graphisch dargestellt:

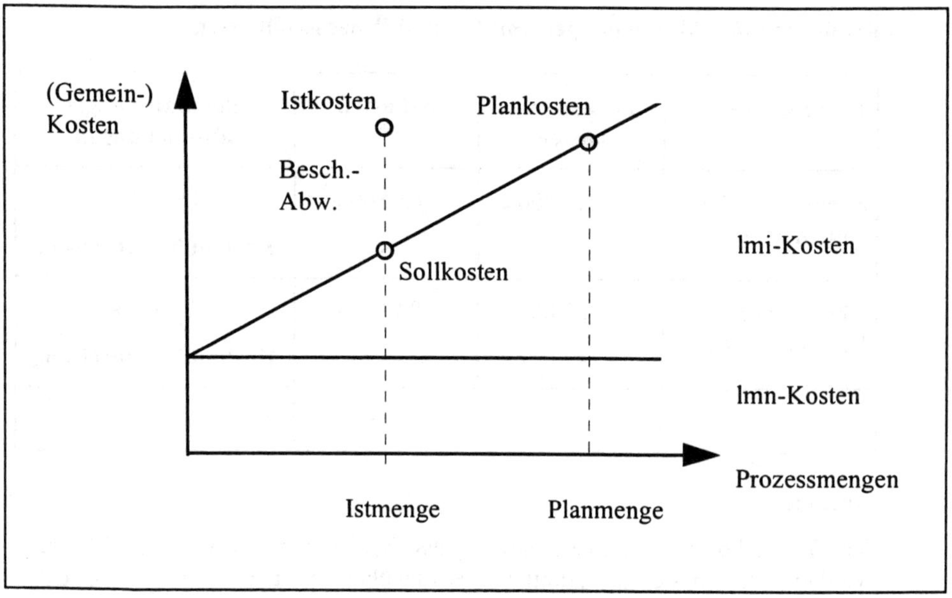

Abb. 15: Gemeinkostencontrolling in der Prozesskostenrechnung

Wenn die Abweichungsanalyse Kostenüberschreitungen ergeben hat, ist nach Maßnahmen zur Gemeinkostenreduktion zu suchen. Solche Maßnahmen können z.B. sein:

- Aktives Kapazitätsmanagement,
- kontinuierliche Prozessoptimierung,
- Prozess-Redesign.

Aktives Kapazitätsmanagement (vgl. z.B. Kampmann, 1995, S. 152 ff.)

Durch ein aktives Kapazitätsmanagement sollen die Leerzeiten und damit die Leerkosten reduziert werden. Maßnahmen bei Unterauslastung sind z.B. Überstundenabbau, Mitarbeiterausleihe (body leasing) an Prozesse mit Überlastung oder Mitarbeiterschulung für spätere Ausleihen an überlastige Prozesse. In diesem Zusammenhang wirkt sich ein hoher Anteil an Teilzeitarbeitskräften mit flexiblen Arbeitszeiten positiv aus.

Kontinuierliche Prozessoptimierung

Oft werden bereits bei der Tätigkeitsanalyse Ressourceninanspruchnahmen aufgedeckt, die für das Unternehmen keinen oder nur bedingten Wert haben. Dazu gehören z.B. Transportzeiten, Liegezeiten, Doppelarbeiten, Reklamationen, Suchen und Abstimmungen. Diese Ressourceninanspruchnahmen stellen ein erhebliches Rationalisierungspotenzial dar. So kann man z.B. versuchen, Liege- und Transportzeiten zwischen den einzelnen Vorgängen zu minimieren. Dadurch wird die Prozessdurchlaufzeit erheblich reduziert. Die Prozessoptimierung soll zur Eliminierung überflüssiger und Verbesserung notwendiger Tätigkeiten führen. Sie hat also nicht nur unter Zeit-, sondern auch unter Kosten- und Qualitätsaspekten zu erfolgen. Zweckmäßigerweise werden die Optimierungsmaßnahmen von einem Prozessoptimierungsteam erarbeitet. Dieses definiert zunächst einen Idealprozess. Dieser Idealprozess wird mit dem Istprozess verglichen, um Schwachstellen zu identifizieren. Die Vermeidung überflüssiger Arbeiten sowie die Verbesserung notwendiger Tätigkeiten stellt auch im Lean Managment einen Arbeitsschritt dar (vgl. dazu 2.3 Target Costing als Controllingansatz im Lean Management). Das lässt vermuten, dass die Prozesskostenrechnung das Lean Management unterstützen kann.

Prozess-Redesign

Während Prozessoptimierung eine Verbesserung bereits bestehender Abläufe darstellt, kann man unter Prozess-Redesign die Neugestaltung von Prozessen verstehen. Prozess-Redesign entspricht dem Konzept des Business-Reengineering, das durch das In-Frage-Stellen von Bewährtem und das Aufheben der klassischen Arbeitsteilung einen höheren Kundennutzen und damit eine bessere Wettbewerbsfähigkeit erreichen will. Prozess-Redesign wird z.B. erforderlich, wenn ein Unternehmen feststellt, dass ein bestimmtes Geschäftsfeld in „Eigenfertigung" dauerhaft zu unwirtschaftlich ist. In diesem Fall sollte ein Outsourcing erwogen werden.

2.2.6 Ausgewählte Probleme bei der Einführung und Anwendung der Prozesskostenrechnung

- Es müssen sich Kostentreiber finden lassen, die die an sie gestellten Anforderungen erfüllen. Das ist häufiger nicht der Fall, weil viele Prozesse in den indirekten Bereichen produktfern sind und sich somit keine nachvollziehbaren und rechenbaren Beziehungen zwischen Kostentreibern und Kostenträgern formulieren lassen.

- Wenn man für eine Kostenstelle mehrere Kostentreiber braucht und die bestehenden EDV-Systeme (z.B. zur Plankostenrechnung) nur eine Bezugsgröße pro Kostenstelle vorsehen, müssen die EDV-Systeme erweitert werden.

- Häufig muss die Datenerfassung erheblich ausgeweitet werden, weil viele Daten nicht zur Verfügung stehen, die die Prozesskostenrechnung braucht. Dazu gehören z.B. Zeitangaben über Tätigkeiten.

- Der bestehende Kostenstellenplan eines Unternehmens kann sich als nicht geeignet erweisen. Häufig müssen mehr Kostenstellen abgegrenzt werden, z.B. im Verwaltungsbereich.

- Wenn in einer Kostenstelle überwiegend lmn-Prozesse anfallen, ist die Prozesskostenrechnung fragwürdig. Denn dann können die Kosten dieser Prozesse nur über Umlagesätze auf die Kostenträger verrechnet werden, nicht aber verursachungsgerecht nach der spezifischen Inanspruchnahme durch die Kostenträger. Lmn-Prozesse werden nämlich von den Kostenträgern nicht in Anspruch genommen.

- Die Einführung der Prozesskostenrechnung kann nicht auf einmal erfolgen. Das führt für eine gewisse Zeit zu einem Nebeneinander von Kostenrechnungssystemen mit der entsprechenden Verwirrung. Möglich ist auch, dass es systemtechnisch schwierig ist, nebeneinander sowohl traditionelle Zuschlags- bzw. Verrechnungssätze und die Kostensätze der Prozesskostenrechnung zu ermitteln.

- Die Einführung der Prozesskostenrechnung erfordert den Einsatz erheblicher betrieblicher Ressourcen. In der Literatur wird der Zeitbedarf für die Implementierung auf ca. 3 Mannjahre geschätzt (vgl. dazu Göpfert/Rummel, 1988).

- Die Anwendung der Prozesskostenrechnung setzt einen hohen Informations- und Schulungsaufwand voraus.

2.2.7 Kritische Würdigung

- Positiv ist hervorzuheben, dass die Prozesskostenrechnung überhaupt Transparenz in die indirekten Bereiche bringt. Andere Kostenrechnungssysteme vernachlässigen diese Bereiche völlig. Alleine das Auflisten der einzelnen Tätigkeiten kann schon Hinweise auf überflüssige Leistungen oder überdimensionierte Leistungen geben, deren Abbau oder Reduktion bei entsprechenden Entscheidungen über Gemeinkostenarten zum Gemeinkostenabbau führen können. Allerdings ist der Ansatz nicht neu, Tätigkeiten in den Gemeinkostenbereichen aufzulisten und dabei nach überflüssigen oder überdimensionierten Tätigkeiten bzw. Kostensenkungspotenzialen zu forschen. Ähnlich gehen das Zero-Base-Budgeting und die Gemeinkostenwertanalyse vor (vgl. dazu S. 13).

- Von den Befürwortern der Prozesskostenrechnung werden vor allem die „strategischen Informationsvorteile" der Prozesskostenrechnung gewürdigt. Strategische Informationsvorteile sind der

  1. Allokationseffekt,
  2. Degressionseffekt,
  3. Komplexitätseffekt.

zu 1. Allokationseffekt

Im Rahmen der Prozesskostenrechnung erfolgt die Zuordnung der Gemeinkosten auf die Produkte unabhängig von der Höhe traditionell wertorientierter Zuschlagsbasen (z.B. Material-, Lohneinzelkosten). Statt dessen ist man bestrebt, die Gemeinkosten nach der Inanspruchnahme betrieblicher Ressourcen auf die einzelnen Produkte zu verteilen. Daraus ergibt sich eine andere Zuweisung (Allokation) der Gemeinkosten auf die Kostenträger.

Beispiel (in enger Anlehnung an Reckenfelderbäumer, 1994, S. 94):

Ein Unternehmen stellt drei Varianten eines Produkts her. Die Materialeinzelkosten variieren von Variante zu Variante. Die Inanspruchnahme der indirekten Bereiche ist bei allen Varianten gleich. Dann ergibt sich nach der Prozesskostenrechnung und der traditionellen Zuschlagskalkulation folgende Allokation der Materialgemeinkosten:

Kostenträger 1 Stück	**MEK**	**trad. MGK-Zuschlagsatz 25 %**	**MGK-Verteilung mit Prozess-kostensatz**	**Allokationseffekt**
Variante A	30,00 €	7,50 €	15,00 €	+ 7,50 € (+ 100 %)
Variante B	50,00 €	12,50 €	15,00 €	+ 2,50 € (+ 20 %)
Variante C	100,00 €	25,00 €	15,00 €	- 10,00 € (- 40 %)
Σ	180,00 €	45,00 €	45,00 €	

Es wird deutlich, dass die traditionelle Zuschlagskalkulation für Kalkulationsobjekte mit geringen Einzelkosten zu wenig und für Kalkulationsobjekte mit hohen Einzelkosten zu viele Gemeinkosten kalkuliert.

zu 2. Degressionseffekt

Bezogen auf ein Produkt sagt dieser Effekt, dass sich mit steigenden Stückzahlen die Stückkosten für die interne Abwicklung von Materialbestellungen, Kundenaufträgen etc. verringern.

Beispiel: Vertriebsgemeinkosten

(in enger Anlehnung an Coenenberg/Fischer, 1991, S. 33)

Die Vertriebsgemeinkosten entstehen durch die Bearbeitung eines Kundenauftrags (Abwicklung, Ausgangskontrolle, Auslagerung, Versand, Buchung). Ihre Gesamthöhe ist aber nicht abhängig von der bestellten Stückzahl. Im Beispiel verursacht die Abwicklung eines Kundenauftrags Prozesskosten in Höhe von 450 €, unabhängig von der Größe des Auftrags.

Stück	Herstellkosten (€)	Vertriebsgemeinkosten Zuschlagsatz 5% (€)	Stückkosten (€)	Herstellkosten (€)	Vertriebsgemeinkosten Prozesskostenrechnung (€)	Stückkosten (€)	Degressionseffekt (€)
1	1 000	50	1 050	1 000	450	1 450	+ 400
5	5 000	250	1 050	5 000	450	1 090	+ 40
10	10 000	500	1 050	10 000	450	1 045	- 5
20	20 000	1 000	1 050	20 000	450	1 022,50	- 27,50
	36 000	1 800		36 000	1 800		

Es wird deutlich, dass bei Anwendung der traditionellen Vollkostenrechnung

- Stücke aus Aufträgen mit geringer Stückzahl zu niedrig kalkuliert werden, weil solche Aufträge vergleichsweise geringe Herstellkosten aufweisen und daher über den Zuschlagssatz auch nur vergleichsweise geringe Vertriebsgemeinkosten zugeordnet bekommen,
- Stücke aus Aufträgen mit hohen Stückzahlen zu hoch kalkuliert werden, weil solche Aufträge vergleichsweise hohe Herstellkosten aufweisen und daher über den Zuschlagssatz auch vergleichsweise hohe Vertriebsgemeinkosten zugeordnet bekommen.

zu 3. Komplexitätseffekt

Komplexe Produkte sind solche, die aus einer größeren Zahl von Teilen oder Bauelementen bestehen. Für ihre Produktion ist ein höheres Maß an gemeinkostentreibenden Tätigkeiten erforderlich (z.B. Materialwirtschaft, Fertigungssteuerung oder Qualitätssicherung). Die Komplexität eines Produktes ist also ein gemeinkostentreibender Faktor. Der Komplexitätseffekt entsteht nun dadurch, dass im Vergleich zur traditionellen Zuschlagskalkulation komplexe Produkte in der Prozesskostenrechnung mit mehr Gemeinkosten belastet werden.

Beispiel:

Ein Unternehmen stellt Produkt A in zwei und Produkt B in vier Fertigungsstufen her.

Produkt	Fertigungseinzelkosten (€)	Fertigungsgemeinkosten = Fertigungssteuerungskosten traditioneller Zuschlagssatz 225% (€)	traditionelle Fertigungskosten (€)	Fertigungsgemeinkosten = Prozesskosten der Fertigungssteuerung (€)	Fertigungskosten nach Prozesskostenrechnung (€)	Komplexitätseffekt (€)
A	2 000	4 500	6 500	3 000	5 000	- 1 500
B	2 000	4 500	6 500	6 000	8 000	+ 1 500
Σ	4 000	9 000	13 000	9 000	13 000	

- „Es steht außer Frage, dass die Prozesskostenrechnung dem insbesondere von seiten der Praxis geäußerten Wunsch nach Einbeziehung fixer Gemeinkosten in die Kalkulation besser gerecht wird, als die traditionelle Vollkostenrechnung." (Reckenfelderbäumer, 1994, S. 121).
- Man kann sich aber auch kritisch zur Prozesskostenrechnung äußern. Neben diversen Einzelproblemen (vgl. 2.2.3 Prozesskostenstellenrechnung) richtet sich der Hauptkritikpunkt darauf, dass die Prozesskostenrechnung fixe Gemeinkosten proportionalisiert. In der Literatur zur Teilkostenrechnung herrscht seit langem Einigkeit darüber, dass die Fixkostenproportionalisierung zu Fehlentscheidungen bei der Beurteilung der Vorteilhaftigkeit von Produkten bzw. zu Fehleinschätzungen im Rahmen des Gemeinkostencontrolling führen kann (vgl. dazu auch S. 2 ff.).

Beispiel:

Für ein Produkt hat die prozessorientierte Kalkulation folgendes Ergebnis gebracht:

Materialeinzelkosten	180,00 €
+ Fertigungseinzelkosten	90,00 €
+ Beschaffungsprozesskosten	46,50 €
+ Lagerprozesskosten	37,60 €
+ Fertigungssteuerungsprozesskosten	22,00 €
= **Herstellkosten**	**376,10 €**

Da die Prozesskosten hauptsächlich Personalkosten sind, ist der überwiegende Teil der Prozesskosten als Fixkosten zu klassifizieren. Geht man z.B. von einem Fixkostenanteil in Höhe von 80% aus, so sind von den insgesamt 106,10 € Prozesskosten 84,88 € fixe Kosten und 21,22 € variable Kosten. Wenn jetzt z.B. der am Markt realisierbare Preis für das Produkt 320 € beträgt, erscheint die Herstellung und der Absatz des Produkts nach der Prozesskostenrechnung nachteilig, weil je Stück ein Verlust (vor Verwaltungs- und Vertriebsgemeinkosten) in Höhe von

Preis	320,00 €
- Herstellkosten	376,10 €
= **Verlust (vor sonstigen Kosten, z.B. Lagerkosten des Endprodukts, Verwaltungs- und Vertriebsgemeinkosten)**	**56,10 €**

eintritt. Die Herstellung und Vermarktung des Produkts müsste aus dieser Sicht also unterbleiben. Die Entscheidung zur Eliminierung des Produkts wäre aber eine Fehlentscheidung. Denn die Fixkosten entstehen nicht zusätzlich mit jedem Stück, sondern auf Grund von Entscheidungen zur Sicherung der Betriebsbereitschaft. Tatsächlich erbringt der Absatz jedes einzelnen Stücks einen Deckungsbeitrag (= Erlös ./. variable Kosten) in Höhe von

Preis	320,00 €
- Materialeinzelkosten	180,00 €
- Fertigungseinzelkosten	90,00 €
- variable Prozesskosten	21,22 €
= **Deckungsbeitrag**	**28,78 €**

Dieser Deckungsbeitrag trägt zur Deckung der Fixkosten bei und entgeht, wenn das Produkt nicht hergestellt und nicht verkauft wird.

Ganz ähnlich ist die Kritik am Gemeinkostencontrolling. Es wird unterstellt, dass sich die Gemeinkosten um den Prozesskostensatz reduzieren lassen, wenn ein Prozess einmal weniger durchgeführt wird. Das ist aber nicht der Fall, weil es sich bei den Kosten der indirekten Bereiche vorwiegend um Personalkosten handelt. Sie werden auf Grund von Arbeitsverträgen gezahlt und verändern sich nicht automatisch (bzw. können nicht in beliebigen Quanten abgebaut werden), wenn sich die Beschäftigung der Kostenstelle ändert. Dessen ungeachtet werden sie mit der Beschäftigung proportionalisiert. Tatsächlich sind die Prozesssollkosten lediglich das rechnerische Kostenäquivalent bei alternativen Beschäftigungen eines indirekten Bereichs. Das Problem wird auch von den Vertretern der Prozesskostenrechnung gesehen. Das zeigt sich an der Argumentation, dass Abweichungen beim Gemeinkostencontrolling nur Beschäftigungsabweichungen sind und lediglich ein Anhaltspunkt für Diskussionen über die angemessene Höhe der Gemeinkosten sein sollen.

Dagegen kann man wiederum einwenden, dass sich ein solcher Anhaltspunkt auch einfacher als mit den Prozesskosten gewinnen lässt – und zwar mit einer reinen Mengenrechnung. Es würde nämlich reichen, die Planprozessmengen mit den Istprozessmengen abzugleichen. Dauerhafte Überschreitungen der Planmengen durch die Istmengen deuten auf Überkapazitäten hin und sind ein einfacher Indikator für Diskussionen über einen Gemeinkostenabbau. Eine solche Mengenrechnung wäre ein Beitrag zum Lean Controlling.

2.2.8 Integration von Prozesskostenrechnung und Fixkostenmanagement

Da die Prozesskostenrechnung die Kosten nicht in fixe und variable Kosten unterteilt, gehen bei ihrer Anwendung die Informationen des Fixkostenmanagement verloren (vgl. Reichmann/Fröhling, 1993, S. 66-67). Das zeigt sich z.B. in der

- **Prozesskostenstellenrechnung**

  Bei den Prozesskosten handelt es sich nicht um eine originäre Kostenart. Vielmehr setzen sich die Kosten eines Prozesses aus mehreren originären und überwiegend fixen Kostenarten zusammen. So gehen z.B. in die Kosten des Prozesses „Angebote einholen“ fixe Personalkosten (Mitarbeiter der Einkaufsabteilung), teilweise variable Büro- und Geschäftsausstattungskosten (benutzte DV-Systeme, Software und verwendetes Büromaterial) und fixe Raumkosten (kalkulatorische Miete) ein. Die übliche Prozesskostenstellenrechnung enthält keine Informationen über die Beschäftigungsgradabhängigkeit und die zeitlichen Bindungsdauern der originären Kostenarten.

- **Prozessorientierte Kalkulation**

  Auch die Prozesskostenkalkulation bietet

  - keine Transparenz der Kosten im Hinblick auf eine Differenzierung in variable und fixe Kostenschichten und
  - keine Informationen über die Beeinflussbarkeit der Prozesskosten (Abbaufähigkeit anteiliger fixer Prozesskosten).

In der Literatur findet man daher Ansätze zur Integration von Prozesskostenrechnung und Fixkostenmanagement, um die Vorteile beider Instrumente nutzen zu können. Eine solche Integration beschreibt die Fallstudie III.

Fallstudie III: Fixkostenmanagement- und prozessorientierte Kostenstellenrechnung und Kalkulation

(in enger Anlehnung an Reichmann/Fröhling, 1993, S. 67-73)

Ein Unternehmen produziert vier Varianten in folgenden Stückzahlen:

A	B	C	D
100 000 Stück	150 000 Stück	180 000 Stück	120 000 Stück

Die (variablen) Einzelkosten pro Stück betragen:

A	B	C	D
10 €/Stück	12 €/Stück	9 €/Stück	1,50 €/Stück

Insgesamt betragen demnach die Einzelkosten:

A:	100 000 Stück	x	10 €/Stück =	1 000 000 €
+ B:	150 000 Stück	x	12 €/Stück =	1 800 000 €
+ C:	180 000 Stück	x	9 € Stück =	1 620 000 €
+ D:	120 000 Stück	x	1,50 €/Stück =	180 000 €
				4 600 000 €

Die variablen Gemeinkosten betragen insgesamt 460 000 € und verteilen sich wie folgt auf die Varianten:

A	B	C	D
100 000 €	180 000 €	162 000 €	18 000 €

Daraus ergeben sich folgende Gemeinkosten pro Stück:

A	B	C	D
$\frac{100\,000\ €}{100\,000\ \text{Stück}}$	$\frac{180\,000\ €}{150\,000\ \text{Stück}}$	$\frac{162\,000\ €}{180\,000\ \text{Stück}}$	$\frac{18\,000\ €}{120\,000\ \text{Stück}}$
= 1 €/Stück	= 1,20 €/Stück	= 0,90 €/Stück	= 0,15 €/Stück

Die gesamten Fixkosten betragen 900 000 €. Sie sind wie folgt abbaubar:

≤ 6 Monate	250 000 €
> 6 Monate ≤ 1 Jahr	375 000 €
> 1 Jahr	275 000 €
	900 000 €

Die originäre Prozesskostenstellenrechnung liefert auszugsweise folgende Informationen:

Kostenstelle: Warenannahme							
Teilprozesse	lmi / lmn	Kosten-treiber	Plan-kosten (€)	Plan-menge	lmi-Satz (€)	lmn-Satz (€)	Gesamt-kosten-satz (€)
(1) Paletten mit Gabel-stapler entla-den	lmi	Zahl der zu entladenden Paletten	38 500	1 000	38,50	3,85	42,35
(2) Manuelle Warenerfas-sung	lmi	Zahl der zu erfassenden Artikel/Pa-lette	26 500	13 250	2,00	0,20	2,20
(3) Stichpro-benweise Kontrollen	lmi	Zahl der zu kontrollie-renden Arti-kel/Palette	10 000	4 000	2,50	0,25	2,75
(4) Kosten-stelle leiten	lmn		7 500				
Summe			82 500		43,00	4,30	47,30

Zur Kostenstellenrechnung

Die Integration der Informationen des Fixkostenmanagement zur Beschäftigungsgradabhängigkeit und zu den zeitlichen Bindungsdauern der originären Kosten führt zu der folgenden modifizierten Prozesskostenstellenrechnung:

Teilprozesse	lmi/ lmn	Kostentreiber	Plankosten (€)	Planmenge	lmi-Satz (€)	lmn-Satz (€)	Gesamtkostensatz (€)
(1) Paletten mit Gabelstapler entladen	lmi	Zahl der zu entladenden Paletten	38 500	1 000	38,50	3,85	42,35
(2) Manuelle Warenerfassung	lmi	Zahl der zu erfassenden Artikel/Palette	26 500	13 250	2,00	0,20	2,20
(3) Stichprobenweise Kontrollen	lmi	Zahl der zu kontrollierenden Artikel/Palette	10 000	4 000	2,50	0,25	2,75
Kostenstelle leiten	lmn		7 500				
Summe			**82 500**		**43,00**	**4,30**	**47,30**
Kostenart	**fix/ variabel**	**Bezugsgröße**	**Plankosten (€)**	**Planmenge**	**Verr.-Satz (€)**	**Abbautermine**	**Verrechnung auf Prozesse**
Lohn/Gehalt	fix	Mannstunden	60 000 20 000	3 000 500	20,00 40,00	≤ 6 M. > 6 M. ≤ 1 Jahr	1: 60,0% 2: 40,0% 3: — 2: 12,5% 3: 50,0% 4: 37,5%
Treibstoff	var.	Liter	400	500	0,80	—	1: 100%
Abschreibungen	fix	Monat	1 500	—	1 500	> 1 Jahr	1: 100%
Zinsen	fix	Monat	200	—	200	> 6 M. ≤ 1 Jahr	1: 100%
Reparatur/ Wartung	var.	Mannstunden	400	10	40	—	1: 100%
Summe			**82 500**				

Erläuterungen:

- Die Bezugsgröße ist ein Begriff aus der flexiblen Plankostenrechnung auf Teilkostenbasis (Grenzplankostenrechnung) (vgl. Kilger 1993, S. 312-313). Bezugsgrößen stellen wie die Kostentreiber in der Prozesskostenrechnung Einflussgrößen auf die Kosten – hier die Kosten der Kostenstelle „Warenannahme“ – dar.
- Die Kostenarten „Treibstoff“, „Abschreibungen“, „Zinsen“ und „Reparatur/Wartung“ werden jeweils zu 100% auf den Prozess (1): „Paletten mit Gabelstaplern entladen“ verrechnet, weil sie sich allein auf den Gabelstapler beziehen.
- Personalkosten fallen dagegen für alle Prozesse an. Daher werden sie auch auf alle Prozesse verrechnet. Geht man z.B. davon aus, dass für den Teilprozess (1) „Paletten mit Gabelstaplern entladen“
  - 60% des Personals eingesetzt werden, dessen Kosten innerhalb von 6 Monaten abbaubar sind und
  - 0% des Personals eingesetzt werden, dessen Kosten in einem Zeitraum von 6 Monaten bis zu einem Jahr abgebaut werden können

  setzen sich die Planprozesskosten des Teilprozesses (1) unter Berücksichtigung der übrigen originären Kostenarten wie folgt zusammen:

Personalkosten ($\leq$ 6 Monate abbaubar)	60% von 60 000 € =	36 000 €
+ Treibstoff		400 €
+ Abschreibungen		1 500 €
+ Zinsen		200 €
+ Reparatur / Wartung		400 €
= Planprozesskosten		**38 500 €**

Geht man davon aus, dass für den Teilprozess (2): „Manuelle Warenerfassung“

- 40% des Personals eingesetzt wird, dessen Kosten innerhalb von 6 Monaten abbaubar sind und
- 12,5% des Personals eingesetzt wird, dessen Kosten in einem Zeitraum von 6 Monaten bis zu einem Jahr abgebaut werden können,

setzen sich die Planprozesskosten des Teilprozesses (2) wie folgt zusammen:

Personalkosten (≤ 6 Monate abbaubar)	40% von 60 000 € =	24 000 €
+ Personalkosten (> 6 Monate ≤ 1 Jahr abbaubar)	12,5% von 20 000 € =	2 500 €
= **Planprozesskosten**		**26 500 €**

Zur Kalkulation

Da es sich bei der Warenannahme als Teil der Logisitik um einen produktnahen Bereich handelt, kann ein direkter Zusammenhang zwischen den Varianten und den für sie erforderlichen Prozessen hergestellt werden:

Teilprozesse	Gesamtkostensatz (€)	Mengenvolumen	Gesamtkostensatz pro Stück (€/Stück)
(1) Paletten mit Gabelstapler entladen	42,35	300 Paletten (für A)	0,1271
		400 Paletten (für B)	0,1129
		200 Paletten (für C)	0,0471
		100 Paletten (für D)	0,0353
		1 000 Paletten	
(2) Manuelle Warenerfassung	2,20	1 000 Artikel (für A)	0,0220
		4 250 Artikel (für B)	0,0623
		5 000 Artikel (für C)	0,0611
		3 000 Artikel (für D)	0,0550
		13 250 Artikel	
(3) Stichprobenweise Kontrollen	2,75	400 Artikel (für A)	0,0110
		1 000 Artikel (für B)	0,0183
		1 900 Artikel (für C)	0,0290
		700 Artikel (für D)	0,0160
		4 000 Artikel	

Erläuterungen:

- Der Gesamtprozesskostensatz/Produkteinheit ergibt sich grundsätzlich aus:

$$\frac{\text{Gesamtprozesskostensatz/Teilprozess x Mengenvolumen}}{\text{Stückzahl/Variante}}$$

- Für den Teilprozess (1) ergibt sich dementsprechend:

$$\frac{\text{42,35 €/Prozess x 300 Paletten (für A)}}{\text{100 000 Stück/(A)}} = \text{0,1271 €/Stück}$$

Bevor die eigentliche Kalkulation erfolgen kann, sind noch weitere Vorüberlegungen anzustellen:

- Ein Teil der variablen und fixen Gemeinkosten soll ja prozessbezogen verrechnet werden, d.h. sie müssen von den gesamten Gemeinkosten abgesetzt werden. Dabei wird bei den variablen Gemeinkosten „impliziert – analog etwa der Verteilung der variantenzahlabhängigen Prozesskosten auf die einzelnen Varianten –, dass diese Reduktion pro Produkt bzw. Variante in gleicher Höhe erfolgt.“ (Reichmann/Fröhling, 1993, S. 72).

  Danach ergibt sich für die variablen Gemeinkosten folgende Rechnung:

	A	B	C	D
variable Gemeinkosten **vor** prozessorientierter Verrechnung	**100 000 €**	**180 000 €**	**162 000 €**	**18 000 €**
- prozessorientiert zu verrechnende variable Gemeinkosten:				
Treibstoff 400 € : 4 =	100 €	100 €	100 €	100 €
Reparatur/Wartung 400 € : 4 =	100 €	100 €	100 €	100 €
= variable Gemeinkosten **nach** prozessorient. Verrechnung	**99 800 €**	**179 800 €**	**161 800 €**	**17 800 €**

Für die fixen Gemeinkosten ergibt sich folgende Rechnung:

Fixe Kosten **vor** prozessorientierter Verrechnung	900 000 €
davon ≤ 6 Monate abbaufähig	250 000 €
davon > 6 Monate ≤ 1 Jahr abbaufähig	375 000 €
davon > 1 Jahr abbaufähig	275 000 €
- prozessorientiert zu verrechnende Fixkosten	81 700 €
– Lohn / Gehalt	
davon ≤ 6 Monate abbaufähig	60 000 €
davon > 6 Monate ≤ 1 Jahr abbaufähig	20 000 €
– Abschreibung > 1 Jahr abbaufähig	1 500 €
– Zinsen	
> 6 Monate ≤ 1 Jahr abbaufähig	200 €
= Fixe Kosten **nach** prozessorientierter Verrechnung	818 300 €
davon ≤ 6 Monate abbaufähig	190 000 €
davon > 6 Monate ≤ 1 Jahr abbaufähig	354 800 €
davon > 1 Jahr abbaufähig	273 500 €

- Schließlich sind vor der eigentlichen Kalkulation die Prozesskostensätze Fixkostenbindungsdauer-orientiert zu differenzieren:

	A	B	C	D
Teilprozess (1): Paletten mit Gabelstapler entladen				
Prozesskostensatz /Stück	0,1271	0,1129	0,0471	0,0353
davon ≤ 6 Monate abbaubar	0,1104	0,0981	0,0409	0,0307
davon ≤ 1 Jahr abbaubar	0,1226	0,1089	0,0454	0,0341
davon > 1 Jahr abbaubar	0,1271	0,1129	0,0471	0,0353
Teilprozess (2): Manuelle Warenerfassung				
Prozesskostensatz/Stück	0,0220	0,0623	0,0611	0,0550
davon ≤ 6 Monate abbaubar	0,0181	0,0513	0,0503	0,0453
davon ≤ 1 Jahr abbaubar	0,0220	0,0623	0,0611	0,0550
Teilprozess (3): Stichprobenweise Kontrolle				
Prozesskostensatz/Stück	0,0110	0,0183	0,0290	0,0160
davon ≤ 6 Monate abbaubar	——	——	——	——
davon ≤ 1 Jahr abbaubar	0,0110	0,0183	0,0290	0,0160

Erläuterungen:

- **Teilprozess (1): Paletten mit Gabelstapler entladen/Variante A**

1. Schritt: Ermittlung des Gesamtprozesskostensatzes (vgl. S. 84)

lmi-Kosten:	38 500 € : 1 000 Prozesse =	38,50 €/Prozess
lmn-Kosten:	3 850 € : 1 000 Prozesse =	3,85 €/Prozess
Gesamtprozesskostensatz		**42,35 €/Prozess**

2. Schritt: Ermittlung des Gesamtprozesskostensatzes/Stück (vgl. S. 87)

$\frac{42{,}35 \text{ €/Prozess} \times 300 \text{ Paletten}}{100\,000 \text{ Stück (A)}}$	= 0,1271 €/Stück

3. Schritt: Differenzierung der Prozesskosten nach Abbaubarkeit

lmi-Kosten

Von den 38 500 € sind:

variable Kosten bzw. ≤ 6 Monate abbaubar

Personalkosten	36 000 €
Treibstoff	400 €
Reparatur/Wartung	400 €
Summe	36 800 €

nur > 6 Monate ≤ 1 Jahr abbaubar

Zinsen	200 €

nur > 1 Jahr abbaubar

Abschreibungen	1 500 €

lmn-Kosten

> 6 Monate, ≤ 1 Jahr abbaubar

Personalkosten	3 850 €

4. Schritt: Differenzierung der Prozesskostensätze/Stück nach Abbaubarkeit

variable Kosten bzw. ≤ 6 Monate abbaubar

36 800 € : 1 000 Prozesse =	36,80 €/Prozess
$\frac{36{,}80\ €/\text{Prozess} \times 300\ \text{Paletten}}{100\,000\ \text{Stück (A)}}$	= 0,1104 €/Stück

nur > 6 Monate ≤ 1 Jahr abbaubar

4 050 € : 1 000 Prozesse =	4,05 €/Prozess
$\frac{4{,}05\ €/\text{Prozess} \times 300\ \text{Paletten}}{100\,000\ \text{Stück (A)}}$	= 0,0122 €/Stück

nur > 1 Jahr abbaubar

1 500 € : 1 000 Prozesse =	1,50 €/Prozess
$\frac{1{,}50\ €/\text{Prozess} \times 300\ \text{Paletten}}{100\,000\ \text{Stück (A)}}$	= 0,0045 €/Stück

5. Schritt: Zusammenstellung der Ergebnisse

Prozesskostensatz /Stück	0,1271 €/Stück
davon ≤ 6 Monate abbaubar davon ≤ 1 Jahr abbaubar 0,1104 €/Stück + 0,0122 € Stück = 0,1226 €/Stück	0,1104 €/Stück 0,1226 €/Stück
davon > 1 Jahr abbaubar 0,1226 €/Stück + 0,0045 €/Stück = 0,1271 €/Stück	0,1271 €/Stück

- Teilprozess (2): Manuelle Warenerfassung/Variante A

1. Schritt: Ermittlung des Gesamtprozesskostensatzes (vgl. S. 84)

lmi-Kosten:	26 500 € : 13 250 Prozesse =	2,00 €/Prozess
lmn-Kosten:	2 650 € : 13 250 Prozesse =	0,20 €/Prozess
Gesamtprozesskostensatz		**2,20 €/Prozess**

2. Schritt: Ermittlung des Gesamtprozesskostensatzes/Stück (vgl. S. 87)

$$\frac{2{,}20\ \text{€/Prozess} \times 1\,000\ \text{Artikel}}{100\,000\ \text{Stück (A)}} = 0{,}0220\ \text{€/Stück}$$

3. Schritt: Differenzierung der Prozesskosten nach Abbaubarkeit

lmi-Kosten

Von den 26 500 € sind:

≤ 6 Monate abbaubar

Personalkosten	24 000 €

nur > 6 Monate ≤ 1 Jahr abbaubar

Personalkosten	2 500 €

lmn-Kosten

> 6 Monate ≤ 1 Jahr abbaubar

Personalkosten	2 650 €

4. Schritt: Differenzierung der Prozesskostensätze/Stück nach Abbaubarkeit

≤ 6 Monate abbaubar

24 000 € : 13 250 Prozesse =	1,8113 €/Prozess
$\frac{1{,}8113 \text{ €/Prozess} \times 1\,000 \text{ Paletten}}{100\,000 \text{ Stück (A)}}$	= 0,0181 €/Stück

nur > 6 Monate ≤ 1 Jahr abbaubar

5 150 € : 13 250 Prozesse =	0,3887 €/Prozess
$\frac{0{,}3887 \text{ €/Prozess} \times 1\,000 \text{ Artikel}}{100\,000 \text{ Stück (A)}}$	= 0,0039 €/Stück

5. Schritt: Zusammenstellung der Ergebnisse

Prozesskostensatz /Stück	0,0220 €/Stück
davon ≤ 6 Monate abbaubar	0,0181 €/Stück
davon ≤ 1 Jahr abbaubar 0,0181 €/Stück + 0,0039 €/Stück = 0,0220 €/Stück	0,0220 €/Stück

Die Stückkostenkalkulation sieht dann wie folgt aus:

	A (€/St.)	B (€/St.)	C (€/St.)	D (€/St.)
variable Einzelkosten	10,0000	12,0000	9,0000	1,5000
variable Gemeinkosten ohne Prozesskosten (vgl. S. 88) Rest-Gemeinkosten / Stückzahl/Variante				
A: 99 800 € : 100 000 Stück = 0,9980 €/Stück	0,9980			
B: 179 800 € : 150 000 Stück = 1,1987 €/Stück		1,1987		
C: 161 800 € : 180 000 Stück = 0,8989 €/Stück			0,8989	
D: 17 800 € : 120 000 Stück = 0,1483 €/Stück				0,1483

	A (€/St.)	B (€/St.)	C (€/St.)	D (€/St.)
Fixe Kosten ohne Prozesskosten (vgl. S. 89) 1) Ermittlung des Zuschlagssatzes $ZS = \frac{\text{Rest-Fixkosten}}{\text{gesamte variable Kosten}}$ $ZS = \frac{818\ 300\ €}{4\ 600\ 000\ € + 460\ 000\ €}$ = 0,16171936758 bzw. 0,1617 bzw. 16,17% 2) Verteilung auf die Varianten Fixkosten/Variante = %-Satz x variable Kosten/Variante A: 0,1617... x 1 100 000 € = 177 891 € B: 0,1617... x 1 980 000 € = 320 205 € C: 0,1617... x 1 782 000 € = 288 184 € D: 0,1617... x 198 000 € = 32 020 €				

	A (€/St.)	B (€/St.)	C (€/St.)	D (€/St.)
3) Verteilung auf das Stück €/Stück = $\frac{\text{Fixkosten/Variante}}{\text{Stückzahl/Variante}}$				
A: 177 891 € : 100 000 Stück = 1,7789 €/Stück	1,7789			
B: 320 205 € : 150 000 Stück = 2,1347 €/Stück		2,1347		
C: 288 184 € : 180 000 Stück = 1,6010 €/Stück			1,6010	
D: 32 020 € : 120 000 Stück = 0,2668 €/Stück				0,2668
4) Differenzierung nach Abbaubarkeit a) Abbaubarkeit ≤ 6 Monate 1. Ermittlung des Zuschlagssatzes (ZS) ZS = $\frac{190\,000\text{ €}}{4\,600\,000\text{ €} + 460\,000\text{ €}}$ = 0,03754940711 bzw. 0,0375 bzw. 3,75%				

	A (€/St.)	B (€/St.)	C (€/St.)	D (€/St.)
2. Verteilung auf die Varianten Fixkosten ≤ 6 Mon./Variante = %-Satz x variable Kosten/Variante A: 0,0375... x 1 100 000 € = 41 304 € B: 0,0375... x 1 980 000 € = 74 348 € C: 0,0375... x 1 782 000 € = 66 913 € D: 0,0375... x 198 000 € = 7 435 €				
3. Verteilung auf das Stück €/Stück = $\frac{\text{Fixkosten} \leq 6 \text{ Mon. abbaubar/Variante}}{\text{Stückzahl/Variante}}$				
A: 41 304 € : 100 000 Stück = 0,4130 €/Stück	davon ≤ 6 Mon. abbaub. 0,4130			
B: 74 348 € : 150 000 Stück = 0,4957 €/Stück		davon ≤ 6 Mon. abbaub. 0,4957		
C: 66 913 € : 180 000 Stück = 0,3717 €/Stück			davon ≤ 6 Mon. abbaub. 0,3717	

	A (€/St.)	B (€/St.)	C (€/St.)	D (€/St.)
D: 7 435 € : 120 000 Stück = 0,0620 €/Stück b) Abbaubarkeit nur > 6 Monate ≤ 1 Jahr 1. Ermittlung des Zuschlagssatzes $ZS = \frac{354\,800\ €}{4\,600\,000\ € + 460\,000\ €}$ = 0,07011857707 bzw. 0,0701 bzw. 7,01% 2. Verteilung auf die Varianten A: 0,0701... x 1 100 000 € = 77 130 € B: 0,0701... x 1 980 000 € = 138 835 € C: 0,0701... x 1 782 000 € = 124 951 € D: 0,0701... x 198 000 € = 13 884 € 3. Verteilung auf das Stück A: 77 130 € : 100 000 Stück = 0,7713 €/Stück				davon ≤ 6 Mon. abbaub. 0,0620

	A (€/St.)	B (€/St.)	C (€/St.)	D (€/St.)
B: 138 835 € : 150 000 Stück = 0,9256 €/Stück C: 124 951 € : 180 000 Stück = 0,6942 €/Stück D: 13 884 € : 120 000 Stück = 0,1157 €/Stück				
c) Abbaubarkeit ≤ 1 Jahr				
A: 0,4130 €/Stück + 0,7713 €/Stück = 1,1843 €/Stück	davon ≤ 1 Jahr abbaub. 1,1843			
B: 0,4957 €/Stück + 0,9256 €/Stück = 1,4213 €/Stück		davon ≤ 1 Jahr abbaub. 1,4213		
C: 0,3717 €/Stück + 0,6942 €/Stück = 1,0659 €/Stück			davon ≤ 1 Jahr abbaub. 1,0659	
D: 0,0620 €/Stück + 0,1157 €/Stück = 0,1777 €/Stück				davon ≤ 1 Jahr abbaub. 0,1777

	A (€/St.)	B (€/St.)	C (€/St.)	D (€/St.)
d) Abbaubarkeit nur > 1 Jahr 1. Ermittlung des Zuschlagssatzes $ZS = \frac{273\,500\ €}{4\,600\,000\ € + 460\,000\ €}$ = 0,05405138339 bzw. 0,0541 bzw. 5,41% 2. Verteilung auf die Varianten A: 0,0541... x 1 100 000 € = 59 457 € B: 0,0541... x 1 980 000 € = 107 022 € C: 0,0541... x 1 782 000 € = 96 319 € D: 0,0541... x 198 000 € = 10 702 € 3. Verteilung auf das Stück A: 59 457 € : 100 000 Stück = 0,5946 €/Stück B: 107 022 € : 150 000 Stück = 0,7135 €/Stück C: 96 319 € : 180 000 Stück = 0,5351 €/Stück				

	A (€/St.)	B (€/St.)	C (€/St.)	D (€/St.)
D: 10 702 € : 120 000 Stück = 0,0892 €/Stück				
e) Abbaubarkeit > 1 Jahr				
A: 1,1843 €/Stück + 0,5946 €/Stück = 1,7789 €/Stück	davon > 1 Jahr abbaub. 1,7789			
B: 1,4213 €/Stück + 0,7135 €/Stück = 2,1348 bzw. 2,1347 €/Stück (Rundungsdifferenz)		davon > 1 Jahr abbaub. 2,1347		
C: 1,0659 €/Stück + 0,5351 €/Stück = 1,6010 €/Stück			davon > 1 Jahr abbaub. 1,6010	
D: 0,1777 €/Stück + 0,0892 €/Stück = 0,2669 bzw. 0,2668 €/Stück (Rundungsdifferenz)				davon > 1 Jahr abbaub. 0,2668

	A (€/St.)	B (€/St.)	C (€/St.)	D (€/St.)
Prozesskosten (vgl. S. 87)				
Teilprozess (1):				
Paletten mit Gabelstapler entladen				
Satz/Stück	0,1271	0,1129	0,0471	0,0353
	davon ≤ 6 Mon. abbaub. 0,1104	davon ≤ 6 Mon. abbaub. 0,0981	davon ≤ 6 Mon. abbaub. 0,0409	davon ≤ 6 Mon. abbaub. 0,0307
	davon ≤ 1 Jahr abbaub. 0,1226	davon ≤ 1 Jahr abbaub. 0,1089	davon ≤ 1 Jahr abbaub. 0,0454	davon ≤ 1 Jahr abbaub. 0,0341
	davon > 1 Jahr abbaub. 0,1271	davon > 1 Jahr abbaub. 0,1129	davon > 1 Jahr abbaub. 0,0471	davon > 1 Jahr abbaub. 0,0353
Teilprozess (2):				
Manuelle Warenerfassung				
Satz/Stück	0,0220	0,0623	0,0611	0,0550
	davon ≤ 6 Mon. abbaub. 0,0181	davon ≤ 6 Mon. abbaub. 0,0513	davon ≤ 6 Mon. abbaub. 0,0503	davon ≤ 6 Mon. abbaub. 0,0453
	davon ≤ 1 Jahr abbaub. 0,0220	davon ≤ 1 Jahr abbaub. 0,0623	davon ≤ 1 Jahr abbaub. 0,0611	davon ≤ 1 Jahr abbaub. 0,0550

	A (€/St.)	B (€/St.)	C (€/St.)	D (€/St.)
Teilprozess (3): Stichprobenweise Kontrolle Satz/Stück	0,0110 davon ≤ 6 Mon. abbaub. davon ≤ 1 Jahr abbaub. 0,0110	0,0183 davon ≤ 6 Mon. abbaub. davon ≤ 1 Jahr abbaub. 0,0183	0,0290 davon ≤ 6 Mon. abbaub. davon ≤ 1 Jahr abbaub. 0,0290	0,0160 davon ≤ 6 Mon. abbaub. davon ≤ 1 Jahr abbaub. 0,0160
Summe der Kosten/Stück	12,9370	15,5269	11,6371	2,0214

Summe der Kosten:

Variante A	12,9370 €/Stück x 100 000 Stück =	1 293 696,30 €
Variante B	15,5269 €/Stück x 150 000 Stück =	2 329 044,35 €
Variante C	11,6371 €/Stück x 180 000 Stück =	2 094 678,91 €
Variante D	2,0214 €/Stück x 120 000 Stück =	242 580,44 €
Summe		**5 960 000,00 €**

Probe:

Einzelkosten	4 600 000,00 €
+ variable Gemeinkosten	460 000,00 €
+ fixe Gemeinkosten	900 000,00 €
= **Summe**	**5 960 000,00 €**

Kritische Würdigung

Der Vorteil dieser Kalkulation liegt insbesondere darin, dass die Informationen über die Inanspruchnahme der indirekten Bereiche durch die Kostenträger und die daraus resultierenden Kosten mit Informationen zur Abbaubarkeit der fixen Gemeinkosten verbunden werden. Diese Transparenz ist vor allem für Überlegungen zu den Preisuntergrenzen der Produkte bzw. zur Preisbeurteilung von Bedeutung.

Kritisch kann man vor allem anmerken, dass die Fixkosten in der Kalkulation proportionalisiert werden. Dies ist ein Kernproblem, das wie in der traditionellen Vollkostenrechnung zu Fehlentscheidungen führen kann (vgl. dazu 1.1 Von der Kostenrechnung zum strategischen Kostenmanagement). Vor diesem Hintergrund ist auch die Diskussion müßig, ob die Verteilung der Fixkosten ohne Prozesskosten auf der Basis der gesamten variablen Kosten oder auf der Basis der (variablen) Einzelkosten plus der variablen Gemeinkosten ohne Prozesskosten oder allein auf der Basis der (variablen) Einzelkosten erfolgen sollte (vgl. S. 96). Reichmann/Fröhling halten dieser Kritik allerdings entgegen, dass das Problem der Fixkostenproportionalisierung bei der Zielsetzung eines stückbezogenen Vollkostenausweises durch keine Kostenrechnungsmethodik gelöst werden kann (vgl. Reichmann/Fröhling, 1993, S. 70).

2.3 Target Costing

2.3.1 Grundidee

Target Costing – japanisch: „Genka Kikaku" – ist ein marktorientiertes Konzept zur Kostenplanung, -steuerung und -kontrolle. Es wird vor allem von Unternehmen angewendet, die auf wettbewerbsintensiven Märkten Produkte mit kurzen Lebenszyklen anbieten. Ein Beispiel für einen solchen Markt ist der High-Tech-Markt. Das Konzept stammt aus Japan. Hintergrund der Entwicklung war der Verlust der Wettbewerbsfähigkeit japanischer Unternehmen Mitte der siebziger Jahre. Target Costing wurde konzipiert, um die Wettbewerbsfähigkeit und die Gewinnsituation japanischer Unternehmen wieder zu festigen. Um das zu erreichen, wurden als Zielgröße die Stückkosten der Produkte festgelegt. Mit Hilfe des Target Costing sollen also die Stückkosten der Produkte gesenkt werden. Beim Target Costing handelt es sich folglich um einen Ansatz des produktbezogenen Kostenmanagement.

Ausgangspunkt zur Reduktion der Stückkosten war die Umkehr der bisher im Rahmen der traditionellen Kostenrechnung üblichen Frage:

Was **wird** ein Produkt kosten? (Technology-Driven Costing)

in die Frage:

Was **darf** ein Produkt kosten?
(Market-Driven Costing)

Die Frage, was ein Produkt kosten darf, kann mit unterschiedlichen Methoden beantwortet werden, z.B.

- Out of Competitor

  Das Produkt darf nur soviel kosten, wie bei der Konkurrenz.

- Out of Standard Costs

  Das Produkt darf nur soviel kosten, wie sich aus den Istkosten bestehender Produkte unter Beachtung von Konstruktionsänderungen und Kostensenkungspotenzialen im Produktionsprozess ableiten lässt.

Für das stark marktorientierte Target Costing ist jedoch vor allem folgende Methode relevant und wird hier weiter verfolgt:

- Market into Company

  Bei dieser Methode wird die Frage, was ein Produkt kosten darf, durch folgendes Schlüsselkonzept beantwortet.

2.3.2 Schlüsselkonzept

	Zielpreis
./.	angestrebter Gewinn
=	vom Markt erlaubte Kosten = **Zielkosten**
	↕
	Drifting Costs

Abb. 16: Schlüsselkonzept des Target Costing

Erläuterungen:

- Zunächst wird ein Produkt mit definierten Eigenschaften und festgelegter Qualität ausgesucht. In erster Linie handelt es sich dabei um ein neues Produkt. Dahinter steht folgende Erkenntnis. Die meisten Kosten eines Produkts (ca. 90%) fallen zwar in der Arbeitsvorbereitung und Fertigung, im Einkauf und in der Materialwirtschaft sowie in Vertrieb und Verwaltung an, werden aber zu ca. 70% in der vor dem Produktionsstart liegenden Entwicklungs- bzw. Konstruktionsphase festgelegt bzw. beeinflusst (vgl. Verein Deutscher Ingenieure, 1987, S. 3). Beispiele für Beeinflussungsmöglichkeiten von Kosten in der Entwicklungs- und Konstruktionsphase sind:

  - Wahl zwischen Eigenfertigung und Fremdbezug von Produktkomponenten,
  - Bestimmung des Fertigungsverfahrens,
  - Festlegung des Materialeinsatzes,
  - Einsatz von Einheitsbaugruppen und Normteilen,
  - Reduktion der Teilevielfalt (Senkung der Prozesssteuerungskosten),
  - Vermeidung von Entsorgungskosten durch produktintegrierten Umweltschutz.

  Es ist also nur folgerichtig, dass ein Konzept mit dem Ziel „Senkung der Stückkosten" so früh wie möglich im Lebenszyklus eines Produktes ansetzt – eben dann, wenn die Einflussmöglichkeiten auf die Kosten am größten sind. Das wird realisiert, wenn Target Costing die Zielkosten für neue Produkte schon vor der Entwicklungs- und Konstruktionsphase vorgibt.

- Für das ausgesuchte Produkt wird ein Zielpreis bestimmt. Der Zielpreis eines neuen Produktes ist der erwartete Absatzpreis. Er wird häufig ermittelt, indem aus den Ergebnissen einer Befragung (z.B. durch Marktforschungsinstitute oder durch Außendienstmitarbeiter) die Preisbereitschaft potenzieller Kunden festgestellt wird. Eine weitere Möglichkeit zur Zielpreisfindung stellen Konkurrenzanalysen dar. Denkbar ist auch, dass ein Unternehmen einen bestimmten Preis fixiert, um sich in einem ausgewählten Marktsegment zu positionieren.

- Von dem Zielpreis wird der angestrebte Gewinn abgezogen. Er bemisst sich in der Regel nach der geplanten Umsatzrendite. Ergänzend empfehlen sich Maßnahmen zur Erhöhung der Umschlagshäufigkeit des Kapitals, um den ROI eines Unternehmens vorteilhaft zu gestalten (vgl. dazu S. 138 f.).

- Der Saldo aus Zielpreis und angestrebtem Gewinn sind die vom Markt erlaubten Kosten. In Übereinstimmung z.B. mit Horváth/Niemand/Wolbold (1993, S. 11) werden sie hier als die Zielkosten des Produkts angesehen. Die Zielkosten sind definiert als die maximalen Kosten, die ein Produkt mit definierten Eigenschaften und festgelegter Qualität unter Beachtung von Marktanforderungen und Konkurrenzprodukten verursachen darf (vgl. Horváth/Niemand/Wolbold, 1993, S. 11). Eine Überschreitung der Zielkosten führt dazu, dass der angestrebte Erfolg nicht erreicht wird. Bei neuen Produkten sind die Zielkosten auf die gesamte Lebensphase des Produkts bezogen. Anders ausgedrückt, umfassen sie alle Kosten des Produkts von den Entwicklungskosten bis hin zu den Entsorgungskosten. Da das Target Costing auf dem Vollkostengedanken basiert (vgl. Freidank, 1999, S. 358), handelt es sich bei den Zielkosten um Ziel-Vollkosten.

- Die vom Markt erlaubten Kosten bzw. Zielkosten werden mit den sogenannten Drifting Costs – die auch als Produktstandardkosten bezeichnet werden – verglichen. Unter den Drifting Costs versteht man die Kosten, die das neue Produkt unter Beibehaltung bestehender Technologien und Prozesse (z.B. Konstruktions-, Entwicklungs- und Fertigungsverfahren) voraussichtlich verursachen wird. Da die Zielkosten Vollkosten sind, müssen auch die Drifting Costs auf Vollkostenbasis ermittelt werden. Sie setzen sich demnach zusammen aus:

  - den Einzelkosten des Produkts (Materialeinzelkosten und Fertigungseinzelkosten),
  - den anteiligen Gemeinkosten der direkten Bereiche (z.B. Fertigungsbereich), die man mit Hilfe direkter Bezugsgrößen oder über Prozesse zuordnen kann,
  - den anteiligen Gemeinkosten der indirekten Bereiche (z.B. Material- oder Logistikbereich), die dem Produkt über Prozesse zugeordnet oder mittels Prozentsätzen angelastet werden können.

  In der Regel ergibt der Vergleich eine Überschreitung der Zielkosten durch die Drifting Costs (vgl. dazu auch Wöhe, 2000, S. 1195). In dem Fall zeigt die Differenz den Kostensenkungsbedarf beim betrachteten Produkt. Eine Zielkostenüberschreitung kann z.B. daraus resultieren, dass verschiedene Eigenschaften eines Produkts durch die Kunden nicht honoriert werden (overenigeneering). Dann ist die Preisbereitschaft der Kunden im Vergleich zu den Drifting Costs zu gering.

- Abweichend von der Definition der Zielkosten als Differenz zwischen Zielpreis und erwartetem Gewinn, gibt es aber auch andere Vorstellungen über die Zielkosten. So versteht z.B. Toyota unter den Zielkosten die Differenz zwischen den Drifting Costs und den vom Markt erlaubten Kosten (vgl. Horváth/Niemand/Wolbold, 1993, S. 12). Hier dokumentieren also die Zielkosten die Vorgabe für die Kostensenkung.

- Der zuvor beschriebene Fokus des Target Costing auf neue Produkte bedeutet aber nicht, dass der Einsatz von Target Costing bei älteren Produkten bzw. in späteren Lebensphasen eines Produktes – z.B. in der Produktionsphase – nicht sinnvoll sein kann. Das wird am Beispiel der Papierfabrik Montclair deutlich (zu dieser Feldstudie vgl. Shank/Fisher, 2000, S. 98-107). Die Fabrik wurde schon Ende des neunzehnten Jahrhunderts errichtet und produziert seit über fünfzig Jahren im Wesentlichen dieselben Produkte. Dabei handelt es sich um gestrichene und ungestrichene Qualitätspapiere für anspruchsvolle Zwecke wie Broschüren, Kataloge, Magazine, Jahresberichte und Etiketten. Sie entstehen durch Veredelung der zugekauften trockenen Faserstoffarten „neues Hartholz", „neues Weichholz" und „Altpapier". Da die Fabrik seit längerer Zeit Verluste machte, entschloss man sich zu handeln. Ein Problemprodukt war das Papier „Forest Green Carnival". Das Papier wies u.a. folgende Daten auf:

Verkaufspreis	2 200 $/Tonne
Standardkosten der Produktion	2 900 $/Tonne

Der Verkaufspreis deckte also nicht einmal die Standardkosten der Produktion und folglich auch nicht die der Produktion folgenden Vertriebskosten. Das Papier war demnach ein Verlustbringer – weit entfernt davon, den angestrebten Gewinn zu erwirtschaften.

Der Verkaufspreis für ein in etwa vergleichbares Papier des Konkurrenten Ajax Paper Company lag mit 1 466 $/Tonne deutlich unter dem Verkaufspreis von Montclair. Der Verkaufspreis von Montclair war nur durchsetzbar, weil die Abnehmer „Forest Green Carnival" als ein erstklassiges und darum teureres Spezialprodukt wahrnahmen. Manche Kunden waren zur Zahlung des Aufpreises bereit, andere nicht. Damit war eine Preiserhöhung auf Grund der Wettbewerbssituation ausgeschlossen. Also beschloss man den Einsatz von Target Costing, um durch eine Senkung der Kosten pro Tonne in die Gewinnzone zu gelangen. Das größte Einsparpotenzial wurde bei den Standardkosten der Produktion vermutet. Folglich ging man einen Schritt weiter als im vorgenannten Schlüsselkonzept und ermittelte nicht die Zielkosten des Produkts, sondern eine Teilmenge daraus – die Ziel-Produktionskosten. Dazu wurden vom Zielpreis der angestrebte Gewinn und die Kosten abgezogen, die der Produktion nicht zuzurechnen sind (z.B. Vertriebskosten).

Als Zielpreis wurde der Preis pro Tonne des Konkurrenten Ajax Paper Company festgelegt. Nach Berücksichtigung der Abzugsposten ergaben sich folgende Ziel-Produktionskosten:

	Zielpreis	1 466 $/Tonne
./.	angestrebter Gewinn	120 $/Tonne
./.	Kosten, die der Produktion nicht zuzurechnen sind	184 $/Tonne
= =	vom Markt erlaubte Produktionskosten Ziel-Produktionskosten	1 162 $/Tonne

Der Kostensenkungsbedarf bei den Standardkosten der Produktion betrug demnach:

	Standardkosten der Produktion	2 900 $/Tonne
./.	Ziel-Produktionskosten	1 162 $/Tonne
=	Kostensenkungsbedarf	1 738 $/Tonne

Konfrontiert mit dieser Zielkostenvorgabe bzw. mit dem Kostensenkungsbedarf konzentrierten sich verschiedene Teams auf die vier wichtigsten Kostenelemente der Produktion:

- Faserstoffkosten

  Ein Projektteam fand heraus, dass man den Anteil des Altpapiers an den Faserstoffen deutlich erhöhen konnte, ohne dass die Qualität des fertigen Papiers litt. Voraussetzung war allerdings eine sorgfältige Reinigung des Altpapiers. Die Substitution von neuem Hart- und Weichholz durch Altpapier führte zu einer Kosteneinsparung von 60%.

- Papiermaschinenkosten

  Bislang waren die Rüstkosten für die Produktion von „Forest Green Carnival" auf Grund langer Rüstzeiten erheblich. Eine Analyse ergab, dass die größten Zeitverluste immer dann auftraten, wenn der richtige Ton für eine Designerfarbe wie „Forest Green" gesucht wurde. Ein Projektteam fand heraus, wie sich die Suchzeit erheblich verkürzen ließ. Nämlich dadurch, dass die Produktion mit einem Faserstoff beginnt, der farblich dem später gewünschten Papierfarbton ähnelt – im Fall von „Forest Green Carnival" also ein grüner Faserstoff. Bisher war das auf Grund des hohen Anteils an neuem Hart- und Weichholz schwierig, weil diese Faserstoffarten nicht grün sind. Mit der Erhöhung des Altpapieranteils bot sich aber die Möglichkeit, verstärkt grünes Altpapier einzusetzen. Da grünes Altpapier am Markt kaum gefragt war, gab es praktisch unbegrenzte Mengen zu sehr niedrigen Preisen.

  Ein anderes Projektteam entwickelte eine hauseigene Software, die die gewünschte Abtönung für „Forest Green Carnival" in 40 Minuten statt in zwei Stunden möglich machte, wenn grünes Altpapier im Einsatz war. Bei sinkenden Rüstzeiten und Rüstkosten sowie einer höheren Ausbringung an Papier konnten die Papiermaschinenkosten pro Tonne deutlich gesenkt werden.

- Färbemittelkosten

  Da die Produktion nun mit einem erheblich höheren Anteil an grünem Altpapier begann, waren für den Farbton Forest Green deutlich weniger Färbemittel erforderlich. Entsprechend sanken die Färbemittelkosten.

- Veredelungskosten

  Die Veredelungskosten konnten durch die Einführung eines betrieblichen Vorschlagswesens deutlich verringert werden.

Im Ergebnis führte die Kombination der von den Projektteams angestoßenen Verbesserungen tatsächlich zu der angestrebten Reduktion der Produktionskosten pro Tonne in Höhe von 1 738 $/Tonne bzw. zu (neuen) Standardkosten der Produktion in Höhe von 1 162 $/Tonne. Damit war der Turnaround gelungen. Der Einsatz von Target Costing hat sich also auch bei einem älteren Produkt als äußerst erfolgreich erwiesen.

2.3.3 Zielkostenspaltung

„Eine große Schwierigkeit beim Arbeiten mit Zielkosten stellt allerdings folgender Sachverhalt dar: Zielkosten werden für ein Produkt als Ganzes festgelegt." (Deisenhofer, 1993, S. 97). Es fehlen also Kostenvorgaben für einzelne Produktkomponenten (= Teile oder Baugruppen eines Produktes). Dies wird umso problematischer, je größer die Anzahl der Komponenten eines Produktes ist. Denn mit steigender Anzahl von Komponenten steigt die Anzahl der Verantwortlichen für das Produkt in den einzelnen Phasen seines Lebens. So benötigt man z.B. umso mehr Verantwortliche in Forschung und Entwicklung sowie in der Produktion, je komplexer ein Produkt ist. Je größer aber die Zahl der Verantwortlichen für ein Produkt ist, desto schwieriger wird die Einhaltung der Zielkosten bzw. die Identifikation der Verantwortlichen bei Überschreitungen der Zielkosten. Aus diesem Grund werden die Zielkosten häufig auf die Komponenten eines Produktes heruntergebrochen: Man spaltet die Zielkosten, um ihre Einhaltung komponentenweise überwachen zu können. Dabei kann sich allerdings ein Problem ergeben. Manche Kosten im Leben eines Produktes lassen sich nicht sinnvoll auf die Komponenten spalten. Das ist z.B. bei den Vertriebskosten der Fall. Sie beziehen sich nicht auf einzelne Produktkomponenten, sondern auf alle Komponenten gemeinsam – denn es werden ja nicht die einzelnen Komponenten vertrieben, sondern das ganze Produkt. Der Problematik kann man auf zweierlei Weise begegnen:

- Man ignoriert das Problem und spaltet die Kosten trotzdem. Dieses Vorgehen ist vergleichbar mit der Schlüsselung echter Gemeinkosten auf Kostenträger im Rahmen der traditionellen Vollkostenrechnung.

- Man subtrahiert die Kosten vor der Zielkostenspaltung von den Zielkosten. Als Residuum ergeben sich die Zielkosten i.e.S. (ganz ähnlich dem Vorgehen bei der Papierfabrik Montclair, vgl. dazu noch einmal S.109). Die Zielkosten i.e.S. werden im Folgenden komponentenweise aufgespalten. Ein Abzug der Kosten von den Zielkosten vor deren Spaltung bedeutet aber nicht, dass die abgezogenen Kosten anschließend nicht mehr kontrolliert werden müssen. Vielmehr sind sie als Budget zu begreifen, dessen Abdeckung im Verlauf der Lebensphasen des Produkts verfolgt werden muss. Denn bei einer Überschreitung der budgetierten Kosten werden die Zielkosten des

Produkts genauso verfehlt, wie bei einer Überschreitung der Zielkostenanteile einzelner Komponenten.

Die komponentenweise Zielkostenspaltung vollzieht sich in vier Schritten:

1. Schritt: Gewichtung der Produktfunktionen

Jeder Kunde verbindet mit einem Produkt bestimmte Erwartungen. Diese Erwartungen werden von den Produkten dadurch erfüllt, dass sie verschiedene Funktionen mehr oder weniger gut ausüben. So übt z.B. ein Auto die Funktionen

- Kategorie (z.B. Mittelklasse, Oberklasse)
- Sicherheit (z.B. ABS, ESP, Airbags)
- Gepäckraumvolumen (z.B. 440 l, 500 l)
- Kilowatt (z.B. 130 kW, 150 kW),
- Hubraum (z.B. 2,5 l, 3 l),
- Kraftstoffverbrauch (z.B. 10 l/100 km, 14 l/100km)
- Ausstattung (z.B. Leder, Stoff),
- Preis (z.B. 50 000 €, 60 000 €)

aus, um die Kundenerwartungen zu befriedigen und zum Kauf anzuregen. Der erste Schritt der Zielkostenspaltung besteht nun darin, alle Funktionen eines Produktes zu erfassen und aus Kundensicht zu bewerten. Anders ausgedrückt: Die zunächst erfassten Funktionen müssen anschließend gewichtet werden. Bei den Funktionen werden harte und weiche Funktionen unterschieden (vgl. dazu Horváth, 1993, S. 230-231), um die Kundenerwartungen besser erfassen zu können (vgl. dazu z.B. Müller/Wolbold, 1993, S. 127-128). Harte Funktionen sind die Gebrauchsfunktionen eines Produkts, die zu seiner technischen und wirtschaftlichen Nutzung erforderlich sind (z.B. Kilowatt). Sie sind objektiv überprüfbar. Weiche Funktionen werden auch als Geltungsfunktionen bezeichnet und beschreiben Funktionen eines Produktes, die über die technische und wirtschaftliche Nutzung hinausgehen (z.B. Prestige, Ästhetik). Sie unterliegen einer subjektiven Beurteilung. Weiche Funktionen sind im Konsumgüterbereich von großer Bedeutung, während sie bei Investitionsgütern weniger stark zur Kaufentscheidung der Kunden beitragen (vgl. Lewicki, 2000, S. 30). Zur systematischen Ermittlung und Gewichtung der Funktionen eines Produktes wird im Strategischen Kostenmanagement die Conjoint-Analyse empfohlen (vgl. z.B. Kucher/Simon, 2002, S. 197-199). Sie ist eine Kundenbefragung, mit der psychologische Werturteile gemessen werden. Die Conjoint-Analyse ist ein dekompositorisches Verfahren. Dekompositorisch bedeutet, dass keine Einzelurteile über Produktfunktionen erhoben werden, sondern die Bedeutung einzelner Produktfunktionen aus dem Präferenzurteil der potenziellen Kunden über die Gesamtheit der Funktionen einzelner Produktvarianten mit Hilfe statistischer Methoden abgeleitet werden (vgl. z.B. Kajüter, 2000, S. 166). So könnte die Conjoint-Analyse z.B. ergeben haben, dass den potenziellen Kunden die Funktion „Kategorie" etwa viermal soviel Wert ist, wie die

Funktion „Gepäckraumvolumen“. In dem Fall bekommt die Funktion „Kategorie“ ein viermal so hohes Gewicht zugeordnet, wie die Funktion „Gepäckraumvolumen“. Alle Funktionen zusammen haben das Gewicht 1 oder 100%, weil alle Funktionen zusammen die Leistungen des Produkts zu 100% erfüllen.

Beispiel (in Anlehnung an Deisenhofer 1993, S. 103-105):

Funktionen		Gewicht
F_1	Kategorie	0,2
F_2	Sicherheit	0,1
F_3	Gepäckraumvolumen	0,05
F_4 - F_{16}	diverse	0,65
Summe		1,00

Nun sind die Funktionen des Produkts gewichtet, aber es ist noch keine Verbindung zu den Produktkomponenten hergestellt, auf die die Zielkosten ja schließlich verteilt werden sollen. Die Verbindung ergibt sich daraus, dass die Funktionen eines Produktes durch die Produktkomponenten ausgeübt werden. Manche Funktionen werden durch mehrere Produktkomponenten ausgeübt, andere nur durch eine Produktkomponente. So braucht man z.B. die Produktkomponenten „Motor/Elektrik“, „Karosserie“, „Fahrwerk“ etc., damit ein Auto die oben genannten Funktionen ausüben kann. Die Komponenten werden mit den Funktionen verknüpft, indem man für jede Komponente festlegt, in welchem Ausmaß sie zur Erfüllung der Funktionen beiträgt. Die Festlegung kann z.B. ergeben, dass die Komponente „Motor/Elektrik“ zur Funktion „Kategorie“ im Ausmaß von 20% beiträgt. Die Summe der Prozente muss bei jeder Funktion 100% ergeben, weil die Komponenten insgesamt jede Funktion zu 100% erfüllen. Für das Beispiel ergibt sich im Einzelnen:

Komponenten	$\mathbf{F_1}$	$\mathbf{F_2}$	$\mathbf{F_3}$	$\mathbf{F_4}$ **-** $\mathbf{F_{16}}$
K_1: Motor/Elektrik	0,2	0,1	0,05	0,15
K_2: Karosserie	0,3	0,1	0,6	0,2
K_3 - K_5: andere	0,5	0,8	0,35	:
Summe	1,0	1,0	1,0	:

2. Schritt: Ermittlung der Bedeutung der Produktkomponenten

Wenn man nun für jede Komponente

- das Ausmaß, mit dem sie eine Funktion erfüllt,
- mit der Bedeutung der Funktion multipliziert,
- und über die Funktionen summiert,

dann ergibt sich die Bedeutung der Komponente an diesem Produkt. Die Bedeutung der Komponenten ist wichtig, weil sie den Schlüssel für die Verteilung der Zielkosten auf die Produktkomponenten darstellen.

Beispiel:

	F_1	F_2	F_3	F_4 - F_{16}	**Summe = Bedeutung**
K_1	0,2 x 0,2 = 0,04	0,1 x 0,1 = 0,01	0,05 x 0,05 = 0,0025	0,15 x 0,65 = 0,0975	**0,15**
K_2	0,3 x 0,2 = 0,06	0,1 x 0,1 = 0,01	0,6 x 0,05 = 0,03	0,2 x 0,65 = 0,13	**0,23**
:					:
Summe					**1,0**

3. Schritt: Spaltung/Verteilung der Zielkosten

Die Zielkosten werden entsprechend der Bedeutung der Produktkomponenten verteilt. Geht man für das Beispiel davon aus, dass die Zielkosten 50 000 € betragen, ergeben sich für die Komponenten K_1 und K_2 folgende Zielkostenanteile:

	Zielkosten x Bedeutung =	**Zielkostenanteil**
K_1	50 000 € x 0,15 =	7 500 €
K_2	50 000 € x 0,23 =	11 500 €
:		:
Summe		50 000 €

4. Schritt: Komponentenweiser Vergleich der Drifting Costs und der Zielkostenanteile

Um Kostenüber- oder -unterschreitungen bei den Komponenten feststellen zu können, müssen die Zielkostenanteile der Komponenten mit dem Anteilen der Komponenten an den Drifting Costs des Produkts verglichen werden. Folglich müssen diese Anteile ermittelt werden. Dabei ist zu beachten, dass keine Kostenbestandteile berücksichtigt werden, die vor der Zielkostenspaltung zum Abzug gebracht wurden (vgl. dazu noch einmal S. 111). Denn deren Einhaltung wird ja unabhängig von den Komponenten im Rahmen eines Budgetabgleichs kontrolliert.

Für das Beispiel werden folgende Annahmen über die Drifting Costs der Produktkomponenten gemacht:

	absoluter Anteil an den Drifting Costs	relativer Anteil an den Drifting Costs
K_1	15 000 €	0,25
K_2	10 800 €	0,18
K_3 - K_5	:	:
Σ Drifting Costs-Anteile = Drifting Costs des Produkts	60 000 €	1,00

Der Vergleich der komponentenbezogenen Zielkostenanteile und der Drifting Costs zeigt bei Komponente K_1 eine Zielkostenüberschreitung in Höhe von 7 500 € ./. 15 000 € = 7 500 €. Bei der Komponente K_2 ergibt sich eine Zielkostenunterschreitung in Höhe von 11 500 € ./. 10 800 € = 700 €.

- Zu Zielkostenüberschreitungen

  Eine Zielkostenüberschreitung zeigt an, dass die Kosten einer Komponente aus Kundensicht zu hoch sind. Anders ausgedrückt: Der Kunde honoriert den Ressourceneinsatz des Unternehmens bei dieser Komponente nicht. Folglich müssen die für die Zielkosten Verantwortlichen prüfen, welche Kostensenkungsmaßnahmen möglich sind. Hierbei kann auf das „Design to Cost" zurückgegriffen werden. Design to Cost ist im Wesentlichen ein ingenieurbezogenes Konzept. Es greift hauptsächlich auf technische Methoden zurück, um die Zielkosten zu erreichen. Zu den Methoden des Design to Cost gehören z.B. die Wertgestaltung (value engineering) und cost tables (vgl. Horváth/Seidenschwarz/Sommerfeldt, 1993, S. 14).

  Die Wertgestaltung setzt in der Entwicklungs- und Konstruktionsphase eines neuen Produktes an und hat das Ziel, das Verhältnis zwischen den Kosten und dem Wert eines Produktes zu optimieren (vgl. Bucksch/Rost, 1985, S. 350). Anders ausgedrückt geht es darum, ein Produkt in seinen Funktionen und Eigenschaften benutzerfreundlich und kundennah zu gestalten und gleichzeitig die Kosten von vornherein gering zu halten (vgl. Bucksch/Rost, 1985, S. 350). Daraus lässt sich der Leitgedanke der Wertgestaltung ableiten: „Nicht so gut wie möglich", sondern „nur so gut, wie nötig" (vgl. Bucksch/Rost, 1985, S. 358). (Zu einem Praxisbeispiel der Wertgestaltung vgl. Bucksch/Rost, 1985, S. 351-357).

Cost tables sind Tabellen oder Datenbanken, die Informationen über Kosten von Baugruppen und Teilen bei unterschiedlicher Konstruktion, Materialzusammensetzung und Herstellung liefern. Mit Hilfe dieser Daten können Kostenwirkungen von Variantenkonstruktionen bei veränderten Produktionsverfahren transparent gemacht werden. Nachfolgend wird ein cost table für das fiktive Beispiel eines Taschenlampengehäuses dargestellt (in Anlehnung an Serfling/Schultze, 1997a, S. 70):

Ausführung:	12 cm Länge				16 cm Länge			
Materialart:	MEK	FEK	GK	Σ	MEK	FEK	GK	Σ
Plastik	2 €	2 €	10 €	14 €	3 €	2 €	11 €	16 €
rostfreier Stahl	5 €	3 €	17 €	25 €	6 €	3 €	18 €	27 €
Aluminium	3 €	2 €	11 €	16 €	4 €	2 €	12 €	18 €

Abb. 17: Beispiel für ein cost table

Neben dem Design to Cost ist das Cost Benchmarking eine weitere Methode, um Kosten zu senken. Dazu werden kostenorientierte Kennzahlen eines Unternehmens innerbetrieblich bzw. mit den Kennzahlen konkurrierender oder auch branchenfremder Unternehmen verglichen. Das Ziel besteht darin, vom Benchmarking-Partner zu lernen und dadurch das eigene Kostenniveau positiv zu beeinflussen (vgl. dazu 2.5 Cost Benchmarking, S. 190 ff.).

- Zu Zielkostenunterschreitungen

Eine Zielkostenunterschreitung signalisiert, dass der Komponente eine höhere Kundeneinschätzung zukommt, als es ihrem derzeitigen Kostenanteil entspricht. Hier sollte das Unternehmen mehr Ressourcen einsetzen, um eine Funktionsverbesserung der Komponente zu erreichen. Eine Funktionsverbesserung kann als besonderer Vorteil des Produktes herausgestellt werden (= unique selling proposition). Dadurch kann der Kunde veranlasst werden, das Produkt den Konkurrenzprodukten am Markt vorzuziehen. So versucht derzeit Porsche, sich durch eine neuartige Keramikbremse (Porsche Ceramic Composite Break = PCCB) vom Konkurrenten Mercedes abzusetzen (vgl. dazu Weigel, 2000, S. A 1). Die Keramikbremse ist zwar in der Herstellung teurer als die herkömmliche Graugussbremse, aber für den Kunden ergeben sich zwei

Vorteile. Zum einen hält die Keramikbremse deutlich länger als eine herkömmliche Bremse. Zum anderen spricht sie schneller an. Man braucht also weniger Kraft, um eine gleich gute oder sogar bessere Bremswirkung zu erzielen, als bei der herkömmlichen Bremse. Dies ist ein Verkaufsargument gegenüber der Konkurrenz.

Hilfsweise kann man auch auf Funktionsverbesserungen verzichten und einer „zu günstigen" Komponente eine kalkulatorische Ausgleichsfunktion zuschreiben. Das wird man gegebenenfalls tun, wenn sich abzeichnet, dass sich die Zielkostenanteile anderer Komponenten nicht realisieren lassen. In diesem Fall besteht die Möglichkeit, dass sich die Zielkosten – wenn schon nicht komponentenweise, so doch gesamtproduktbezogen – realisieren lassen. Das ist aber nicht optimal, weil damit der Spielraum für die Funktionsverbesserungen verschenkt wird.

Target Costing wurde ursprünglich für Unternehmen der Stückgüterfertigung – z.B. für Unternehmen der Automobilbranche – entwickelt. Mittlerweile wird es aber in den unterschiedlichsten Branchen angewendet bzw. angedacht. Beispiele dafür sind

- Zielkosten in der Stromversorgung (vgl. Hoitsch/Goes/Burkhard, 2001, S. 145-155),
- Target Costing in Kreditinstituten (vgl. Zimmermann/Grundmann, 2001, S. 79-85),
- Target Costing in der Fernsehproduktion (vgl. Hock, 2003, S. 68-73).

Im Folgenden wird das Target Costing in der Fersehproduktion kurz wiedergegeben.

Beim Markt für Fernsehproduktionen handelt es sich um ein Nachfrage-Oligopol. Wenigen großen Nachfragern in Gestalt der Sender stehen viele kleine Anbieter (= Produzenten) gegenüber. Dadurch stehen die Produzenten tendenziell unter Preisdruck. Das Target Costing eröffnet hier die Möglichkeit für die Produzenten, sich wirtschaftlich am Markt behaupten zu können.

Ausgehend vom Ansatz des Market into Company (vgl. S. 106 ff.) ist bei der Konkretisierung des Schlüsselkonzepts des Target Costing zunächst der Zielpreis – hier für eine Fernsehproduktion – über den Markt zu bestimmen. Bei Fernsehproduktionen erfolgt die Zielpreisfindung durch Verhandlungen, in denen die Preisbereitschaft der Sender und die Preisvorstellungen der Produzenten auf der Grundlage einer konzipierten Fernsehsendung (hier im Format einer neuen Talk Show) in Einklang gebracht werden. Für eine Talk Show, die vierzigmal im Jahr gesendet werden soll, ergibt sich bei einem Gesamtzielpreis von 880 000 € ein Zielpreis von 22 000 €/Sendung.

Vom verhandelten Zielpreis wird die angestrebte Umsatzrendite abgezogen, um auf die vom Markt erlaubten Kosten (= Zielkosten) zu kommen. Bei 10% Umsatzrendite betragen die Zielkosten einer Sendung dann 22 000 € ./. 2 200 € = 19 800 €.

Zur komponentenweisen Zielkostenspaltung setzen sich die Mitglieder des Projektteams (Redakteure, Verantwortliche für Herstellung und Finanzen) mit den Kundenanforderungen auseinander. Beispielhaft könnte sich daraus folgende Gewichtung der Funktionen einer Talk Show ergeben:

Funktionen		Gewicht
F_1	Potenzielle Einschaltquote	0,5
F_2	Attraktivität für Werbekunden	0,1
F_3	Integrität ins Gesamtprogramm	0,3
F_4	Förderung des Senderimages	0,1
Summe		1,00

Im nächsten Schritt erstellt das Projektteam eine vollständige Aufstellung der Komponenten der Sendung und legt auf der Grundlage von Erfahrungen, Kontakten und Gesprächen fest, in welchem Ausmaß die Komponenten zur Erfüllung der Funktionen beitragen.

Beispiel:

Komponenten	F_1: Einschaltquote	F_2: Attraktivität	F_3: Integrität	F_4: Senderimage
K_1: Allgemein/Ausstattung (z.B. Dauer der Sendung, Anzahl der Kameras, mit/ohne Publikum)	0,12	0,3	0,3	0
K_2: Moderator/in (Bekanntheit, Alter)	0,43	0,35	0,3	0,35
K_3: Redaktion (Qualifikation der Redakteure, z.B. für Themenfindung und Gästeakquisition)	0,2	0,1	0,3	0,2
K_4: Gäste (Anzahl)	0,2	0,05	0,1	0,3
K_5: Ort (Studio, Hotel)	0,05	0,2	0	0,15
Summe	1,0	1,0	1,0	1,0

Die Multiplikation

- des Ausmaßes, mit dem die jeweilige Komponente die jeweilige Funktion erfüllt,
- mit den Funktionsgewichten
- und die Summation über die Funktionen

ergibt dann die Bedeutung der Komponenten der neuen Talk Show:

	F_1	F_2	F_3	F_4	Summe = Bedeutung
K_1: Allgemeines/Ausstattung	0,12 x 0,5 = 0,06	0,3 x 0,1 = 0,03	0,3 x 0,3 = 0,09	0 x 0,1 = 0	0,18
K_2: Moderator/in	0,43 x 0,5 = 0,215	0,35 x 0,1 = 0,035	0,3 x 0,3 = 0,09	0,35 x 0,1 = 0,035	0,375
K_3: Redaktion	0,2 x 0,5 = 0,1	0,1 x 0,1 = 0,01	0,3 x 0,3 = 0,09	0,2 x 0,1 = 0,02	0,22
K_4: Gäste	0,2 x 0,5 = 0,1	0,05 x 0,1 = 0,005	0,1 x 0,3 = 0,03	0,3 x 0,1 = 0,03	0,165
K_5: Ort	0,05 x 0,5 = 0,025	0,2 x 0,1 = 0,02	0 x 0,3 = 0	0,15 x 0,1 = 0,015	0,06
Summe					1,0

Wie vermutet werden konnte, kommt dem Moderator/der Moderatorin als Komponente der Talk Show die größte Bedeutung zu.

Die Spaltung der Zielkosten führt zu folgendem Ergebnis:

	Zielkosten x Bedeutung =	**Zielkostenanteil**
K_1: Allgemeines/Ausstattung	19 800 € x 0,18 =	3 564 €
K_2: Moderator/in	19 800 € x 0,375 =	7 425 €
K_3: Redaktion	19 800 € x 0,22 =	4 356 €
K_4: Gäste	19 800 € x 0,165 =	3 267 €
K_5: Ort	19 800 € x 0,06 =	1 188 €
Summe		19 800 €

Für den komponentenweisen Vergleich der Zielkostenanteile und der Anteile an den Drifting Costs (= Zielkosten-Controlling) werden nun auf der Basis von Bestandsaufnahmen und Schätzungen des Herstellungsleiters der Produktionsfirma unter Rückgriff auf Erfahrungswerte und bei unveränderten Rahmenbedingungen die Drifting Costs der Talk Show sowie für die einzelnen Komponenten die absoluten und realtiven Anteile an den Drifting Costs ermittelt. Ausgehend von gesamten Drifting Costs in Höhe von 21 800 € sind folgende Drifting Costs-Anteile denkbar:

	absoluter Anteil an den Drifting Costs	relativer Anteil an den Drifting Costs
K_1: Allgemeines/Ausstattung	4 360 €	0,22
K_2: Moderator/in	8 500 €	0,39
K_3: Redaktion	4 300 €	0,197
K_4: Gäste	2 900 €	0,133
K_5: Ort	1 740 €	0,08
Σ Drifting Costs-Anteile = Drifting Costs der Talk Show	21 800 €	1,00

Der komponentenweise Vergleich der absoluten wie auch der relativen Zielkostenanteile und der Drifting Costs-Anteile zeigt, dass die Komponenten

- Allgemeines/Ausstattung,
- Moderator/in,
- Ort

zu hohe Drifting Costs aufweisen, während bei den Komponenten

- Redaktion,
- Gäste

ein Spielraum für Funktionsverbesserungen besteht.

Abschließend sind beispielhaft Ansatzpunkte für Kosteneinsparungen und Funktionsverbesserungen bei der Talk Show aufgelistet:

- Bei der Komponente Allgemeines/Ausstattung könnte man die Anzahl der eingesetzten Kameras reduzieren.
- Bei der Komponente Ort bietet sich ein Wechsel der Location an, z.B. vom teuren Außendreh in das preiswertere Studio.
- Möglicherweise reduzieren sich bei einem Ortswechsel auch die Moderatorenkosten, nämlich sofern Reisekosten entfallen. Eine Honorarkürzung beim Moderator/der Moderatorin sollte – wenn überhaupt – äußerst sensibel vorangetrieben werden.
- Bei den Gästen könnte man in Grenzen Sustitutionen vornehmen, weil z.B. höhere Reisekosten akzeptiert werden können.

2.3.4 Integration von Target Costing und Prozesskostenrechnung

In der Literatur setzt sich zunehmend die Meinung durch, dass Target Costing mit der Prozesskostenrechnung kombiniert werden sollte. In diesem Fall werden die Drifting Costs nach der Prozesskostenrechnung ermittelt (vgl. z.B. Freidank, 1999, S. 358). Wie eine solche Integration von Target Costing und Prozesskostenrechnung aussehen kann, zeigt die Fallstudie IV.

Fallstudie IV: Kombination von Target Costing und Prozesskostenrechnung

(Die Daten des Target Costing sind eng angelehnt an Müller/Wolbold, 1993.)

Einem Unternehmen der Elektroindustrie liegt eine Anfrage einer Großbank über eine Variante eines Belegerfassungssystems vor, das die Bank zur Belegerkennung und -verarbeitung einsetzen will. Das Unternehmen überlegt, die neue Variante in einer Größenordnung von 40 Stück/Jahr am Markt einzuführen. Der erwartete Absatzpreis beträgt

70 000 €/Stück. Im Rahmen seines Kostenmanagement betreibt das Elektro-Unternehmen Target Costing. Die geplante Umsatzrendite beträgt 10%.

Die Funktionen des Systems und ihre Bedeutung (Gewichte) für die Kunden können folgender Tabelle entnommen werden:

Funktionen		**Bedeutung (Gewicht)**
F_1:	Belege aufnehmen	0,05
F_2:	Belege vereinzeln	0,12
F_3:	Verarbeitungsgeschwindigkeit	0,07
F_4:	Felder erkennen	0,112
F_5:	Aufschrift erkennen	0,12
F_6:	Belege codieren	0,04
F_7:	Ablauf steuern	0,08
F_8 - F_{14}:	übrige Funktionen	0,408
Summe		1,00

Zur Ausübung der Funktionen tragen folgende Produktkomponenten wie folgt bei:

Funktionen Komponenten	**F_1:**	**F_2:**	**F_3:**	**F_4:**	**F_5:**	**F_6:**	**F_7:**	**F_8 - F_{14}:**
K_1: Belegaufnahme	0,86	1,00	0,33					
K_2: Bedienfeld	0,14						0,47	
K_3: Erkenungsmodul			0,13	0,65	1,00	0,44		
K_4 - K_7: übrige Komponenten			0,54	0,35		0,56	0,53	7,00
Summe	1,00	1,00	1,00	1,00	1,00	1,00	1,00	7,00

Die Drifting Costs der Produktkomponenten werden auf der Basis des aktuellen Entwicklungsentwurfs des Belegerfassungssystems unter Zuhilfenahme der Prozesskostenrechnung kalkuliert. Im Einzelnen ist von folgenden Daten auszugehen:

- Das Unternehmen montiert das Belegsystem in der Losgröße 5 in 3 Fertigungsstufen. Die reinen Montageeinzelkosten betragen 2 766 €. Die sieben Komponenten werden montagelosbezogen aus dem Lager kommissioniert.

- Die Komponenten K_1 und K_2 werden von verschiedenen Lieferanten viermal im Jahr in der Losgröße 10 fremdbezogen und eingelagert. Die Stückkosten betragen:

K_1	8 000 €
K_2	3 000 €

- Die Komponente K_3 wird in der Losgröße 10 in 5 Fertigungsstufen eigengefertigt. Für jede Komponente sind 10 verschiedene Fremdbezugsteile erforderlich, die losbezogen aus dem Lager kommissioniert werden. Die Fremdbezugsteile werden jeweils in der Losgröße 40 zum durchschnittlichen Stückpreis von 500 € einmal im Jahr von einem Lieferanten beschafft und eingelagert. Die reinen Fertigungskosten für die eigengefertigte Komponente betragen 4 000 €.

- Auszug aus der Prozesskostenstellenrechnung:

HP	Hauptprozess	Kostentreiber	Gesamtprozess-kostensatz
1	Fremdteile beschaffen	Anzahl Bestellungen	100 €
2	Lagerverwaltung	Zahl der Stücklistenpositionen	20 €
3	Montage-/Fertigungs-auftragssteuerung	Zahl der Fertigungsstufen	50 €
4	Varianten einführen	Anzahl Varianten	4 000 €
5	Varianten betreuen	Anzahl Varianten	2 000 €
6	Lieferanten betreuen	Anzahl der Lieferanten	4 000 €
7	Auftragsabwicklung Inland	Anzahl Aufträge	30 €

Nachfolgend werden die Zielkosten des Belegsystems insgesamt und die Zielkostenanteile sowie die Drifting Costs der Produktkomponenten K_1, K_2 und K_3 bestimmt. Anschließend werden die Komponenten danach klassifiziert, ob bei ihnen aus der Sicht des Target Costing ein Kostensenkungsbedarf oder ein Spielraum für Funktionsverbesserungen besteht.

1. Ermittlung der Zielkosten des Belegerfassungssystems

	Zielpreis	70 000 €
./.	10 % Umsatzrendite	7 000 €
=	Zielkosten	63 000 €

Die Zielkosten lassen sich nicht in voller Höhe auf die Komponenten aufspalten, weil in ihnen auch solche Kosten enthalten sind, die für alle Komponenten gemeinsam entstehen. Diese Kosten werden vor der Spaltung von den Zielkosten abgesetzt (budgetiert) und ihre Einhaltung separat verfolgt. Im vorliegenden Fall gehören dazu:

- Die Montageeinzelkosten, weil sie für das Zusammenfügen aller Komponenten anfallen.
- Die Prozesskosten des Hauptprozesses 3: „Montageauftragssteuerung", weil die Montage aller Komponenten gesteuert wird.
- Die Prozesskosten für die Einlagerung des fertigen Belegsystems (Hauptprozess 2), weil die Einlagerung das Endprodukt betrifft.
- Die Prozesskosten des Hauptprozesses 4: „Varianten einführen" und des Hauptprozesses 5: „Varianten betreuen", weil sich diese Kosten auf die Varianten und die ihnen zugehörigen Stückzahlen, nicht aber auf die Produktkomponenten beziehen.
- Die Prozesskosten für die Kommissionierung von Kundenaufträgen (Hauptprozess 2) und die Prozesskosten des Hauptprozesses 7: „Auftragsabwicklung Inland", weil nicht einzelne Produktkomponenten, sondern das Endprodukt kommissioniert bzw. vertrieben wird.

Dementsprechend sieht die Rechnung für ein Belegsystem wie folgt aus:

Zielkosten	63 000 €
- Montageeinzelkosten	2 766 €
- Prozesskosten für die Montage des Endprodukts (HP 3) 3 Fertigungsstufen x 50 €/Stufe = 150 € 150 € : 5 (Losgröße Endprodukt) = 30 €	30 €
- Prozesskosten für die Einlagerung des Endprodukts (HP 2) 20 €/Position : 5 (Losgröße Endprodukt) = 4 €	4 €
- Prozesskosten HP 4: „Varianten einführen“ 4 000 €/Variante : 40 Stück/Variante = 100 €/Stück	100 €
- Prozesskosten HP 5: „Varianten betreuen“ 2 000 €/Variante : 40 Stück/Variante = 50 €/Stück	50 €
- Prozesskosten HP 2 für die Kundenauftragskommissionierung Es wird davon ausgegangen, dass die Kundenaufträge jeweils nur ein Belegerfassungssystem umfassen. → 1 Position = 20 €	20 €
- Prozesskosten HP 7: „Auftragsabwicklung Inland“ → 1 Auftrag mit einem Belegerfassungssystem = 30 €	30 €
= **Zielkosten i.e.S.**	**60 000 €**

2) Zielkostenspaltung

a) Ermittlung der Bedeutung der Komponenten (= Verteilungsschlüssel für die Zielkosten)

	F_1:	F_2:	F_3:	F_4:	F_5:	F_6:	F_7:	F_{8-14}:	Σ
K_1	0,86 x 0,05 = 0,0430	1,00 x 0,12 = 0,1200	0,33 x 0,07 = 0,0231						0,1861
K_2	0,14 x 0,05 = 0,0070						0,47 x 0,08 = 0,0376		0,0446
K_3			0,13 x 0,07 = 0,0091	0,65 x 0,112= 0,0728	1,00 x 0,12 = 0,1200	0,44 x 0,04 = 0,0176			0,2195
K_{4-7}									:
Σ									**1,0000**

b) Ermittlung der Zielkostenanteile der Komponenten K_1, K_2 und K_3

Komponenten	Zielkosten i.e.S. x Bedeutung =	Zielkostenanteil i.e.S.
K_1:	60 000 € x 0,1861 =	11 166 €
K_2:	60 000 € x 0,0446 =	2 676 €
K_3:	60 000 € x 0,2195 =	13 170 €
:		:
Summe		60 000 €

3) Ermittlung der Drifting Costs der Komponenten K_1, K_2 und K_3

	K_1 (€)	K_2 (€)	K_3 (€)
Komponenten/Stückpreis	8 000	3 000	
+ **Fremdbezugsteile/Stückpreis** 500 €/Stück x 10 Stück = 5 000 €			5 000
+ **Fertigungseinzelkosten**			4 000
+ **Beschaffungsprozesskosten (HP 1)**			
100 €/Best. : 10 K_1/Best. = 10 €/K_1	10		
100 €/Best. : 10 K_2/Best. = 10 €/K_2		10	
100 €/Best. : 40 Fremdbezugsteile/Best. = 2,50 €/Fremdbezugsteil Bedarf für 1 K_3: 10 Fremdbezugsteile → 10 Teile x 2,50 €/Teil = 25 €			25
+ **Lagerprozesskosten (HP 2)**			
Einlagerung von K_1, K_2 und den Fremdbezugsteilen			
20 €/Pos. : 10 K_1 (Losgröße) = 2 €/K_1	2		
20 €/Pos. : 10 K_2 (Losgröße) = 2 €/K_2		2	
20 €/Pos. : 40 Teile (Losgröße) = 0,50 €/Teil → Bedarf für 1 K_3: 10 Teile → 10 Teile x 0,50 €/Teil = 5 €			5
Kommissionierung für K_3 20 €/Pos. x 10 Positionen (Teile) = 200 € 200 € : 10 K_3 (Losgröße) = 20 €/K_3			20
Zwischensumme	8 012	3 012	9 050

	K_1 (€)	K_2 (€)	K_3 (€)
Zwischensumme	8 012	3 012	9 050
+ **Lagerprozesskosten (HP 2)**			
Einlagerung K_3			
20 €/Pos. x 1 Position = 20 €			
20 € : 10 K_3 (Losgröße) = 2 €/K_3			2
Kommissionierung für das Belegsystem			
20 €/Position : 5 K_1 = 4 €/K_1	4		
20 €/Position : 5 K_2 = 4 €/K_2		4	
20 €/Position : 5 K_3 = 4 €/K_3			4
+ **Prozesskosten Fertigungsauftragssteuerung für K_3 (HP 3)**			
50 €/Stufe x 5 Stufen = 250 €			
250 € : 10 (Losgröße K_3) = 25 €			25
+ **Prozesskosten Lieferanten betreuen (HP 6)**			
4 000 €/Lieferant: 40 K_1 = 100 €/K_1	100		
4 000 €/Lieferant: 40 K_2 = 100 €/K_2		100	
4 000 €/Lieferant: 400 Teile = 10 €/Teil			
→ Bedarf für 1 K_3: 10 Teile			
→ 10 Teile x 10 €/Teil = 100 €			100
= Summe	8 116	3 116	9 181
	Ziel-kosten-unter-schrei-tung	Ziel-kosten-über-schrei-tung	Ziel-kosten-unter-schrei-tung

Ergebnis:

Aus der Sicht der Kunden verursacht die Komponenten K_2: „Bedienfeld“ in der Beschaffung bzw. Produktion zu hohe Kosten. Hier besteht also ein Kostensenkungsbedarf. Dagegen kommen den Komponenten K_1: „Belegaufnahme“ und K_3: „Erkennungsmodul“ höhere Kundeneinschätzungen zu, als es ihrem Kostenanteil entspricht. Hier besteht ein Spielraum für Funktionsverbesserungen. Er sollte durch das Unternehmen ausgenutzt werden, um bei den Kunden zusätzliche Präferenzen für das Belegerfassungssystem zu schaffen.

2.3.5 Zielkostenkontrolldiagramm

Häufig wird der Kostenreduktionsbedarf bzw. der Spielraum für Funktionsverbesserungen bei den einzelnen Komponenten durch die Bildung eines Zielkostenindexes (ZI) ausgedrückt. Der Zielkostenindex stellt das komponentenbezogene Verhältnis der relativen Drifting Costs zu den relativen Zielkosten dar. Er wird also gebildet, indem man den Anteil, den die Komponente an den Drifting Costs des gesamten Produkts hat (in %), in Beziehung setzt zur Bedeutung der Komponente (= Zielkostenanteil der Komponente in %).

Davon abweichend gibt es andere Möglichkeiten zur Bildung von Zielkostenindices. So setzt z.B. Lewicki (2000, S. 30) – gerade umgekehrt – die relativen Zielkosten zu den relativen Drifting Costs ins Verhältnis. Gelegentlich wird der Zielkostenindex auch gebildet, indem der Anteil der Komponente an den Drifting Costs (in €) in Beziehung gesetzt wird zu den Zielkostenanteilen der jeweiligen Komponente (in €). Die Aussagefähigkeit der Zielkostenindices ist unabhängig von der Art ihrer Ermittlung. Es ist nur darauf zu achten, dass Graphiken und Interpretationen der Ermittlungsart angepasst werden.

Ist ZI > 1, ist die jeweilige Komponente "zu teuer". Es sollte nach Kostensenkungsmaßnahmen gesucht werden. Das ist im Ausgangsbeispiel zur Zielkostenspaltung bei Komponente K_1 der Fall (vgl. S. 115). Hier beträgt der Zielkostenindex

$$ZI_{K1} = \frac{0{,}25}{0{,}15} = 1{,}67$$

Ist ZI < 1, ist die Komponente "zu billig". Es sollten Funktionsverbesserungen der Komponente vorgenommen werden. Im Ausgangsbeispiel zur Zielkostenspaltung ist das bei Komponente K_2 der Fall (vgl. S. 115). Hier beträgt der Zielkostenindex

$$ZI_{K2} = \frac{0{,}18}{0{,}23} = 0{,}78$$

Der Zielkostenindex 1 gilt als optimal, weil dann bei den Komponenten keinerlei Kostenreduktionsbedarf mehr besteht und alle Spielräume für Präferenzen schaffende Funktionsverbesserungen ausgeschöpft wurden.

Die Zielkostenindices lassen sich in ein Diagramm eintragen. Es wird als Zielkostenkontrolldiagramm oder Value Control Chart bezeichnet.

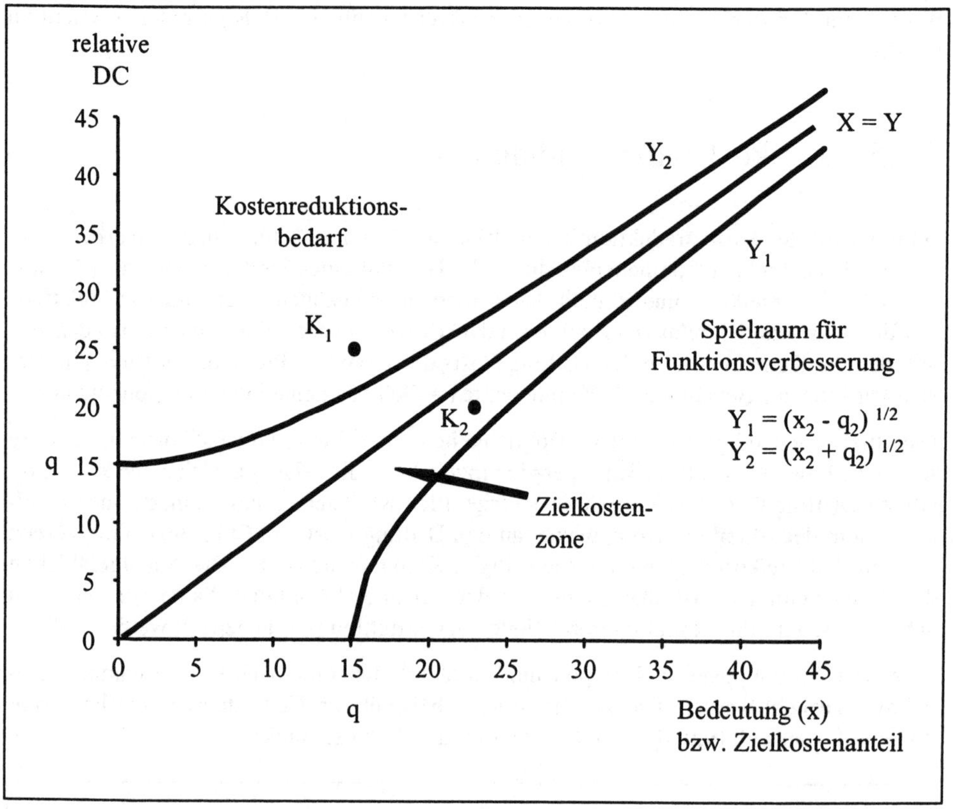

Abb. 18: Zielkostenkontrolldiagramm

Erläuterungen zum Zielkostenkontrolldiagramm:

- Es ist nicht zu erwarten, dass bei jeder Produktkomponente genau deren Zielkosten erreicht werden können (ZI = 1). Daher wird von der Unternehmensführung im Zielkostenkontrolldiagramm mit Hilfe von Exponentialfunktionen eine Zone definiert, innerhalb der die Zielkosten einzelner Produktkomponenten als erfüllt angesehen werden. Der Verlauf der Zone ist typisch, d.h. die erlaubten Abweichungen vom Optimalwert ZI = 1 dürfen bei Komponenten mit geringerer Bedeutung größer sein als bei Komponenten mit hoher Bedeutung.

Das ist so, weil bei gleichen Indices bei Komponenten mit geringerer Bedeutung

- die Zielkosten absolut um geringere Beträge verfehlt werden,

bzw.

- absolut weniger Spielräume für Funktionsverbesserungen verschenkt werden.

- Bei welchem Wert (q) die Zone auf der Ordinate bzw. Abszisse im Einzelfall beginnt, hängt vom jeweiligen Unternehmen ab (vgl. Freidank, 1999, S. 373). Die Zone wird z.B. umso enger gesetzt, je höher das Zielerreichungspotenzial innerhalb des Unternehmens ist. Dies ist unter anderem vom Erfahrungsgrad der Beteiligten abhängig.

- Erst wenn ein Index außerhalb der Zone liegt, besteht Handlungsbedarf, d.h. müssen bei Indices > 1 Kostensenkungsmaßnahmen eingeleitet und können bei Indices < 1 Funktionsverbesserungen vorgenommen werden. Im Beispiel liegt die Komponente K_1 außerhalb und die Komponente K_2 innerhalb der definierten Zone. D.h. bei K_2 würde die Abweichung vom optimalen Zielkostenindex toleriert, während bei K_1 nach Kostensenkungsmaßnahmen gesucht werden müsste.

Die Spaltung der Zielkosten macht die ausgeprägte Kunden- bzw. Marktorientierung des Target Costing sehr deutlich, weil die Zielkostenverteilung auf der Basis der Werteinschätzungen der Kunden vorgenommen werden.

Nach Beginn von Produktion und Verkauf muss immer wieder geprüft werden, ob die Zielkosten auch wirklich eingehalten werden, d.h., es muss eine Kostenkontrolle erfolgen. Wenn die Zielkosten nicht eingehalten werden, werden wieder Kostensenkungsmaßnahmen gesucht. Insgesamt ist aber festzustellen, dass die Kostenkontrolle im Target Costing auf Grund der primären Ausrichtung an der Produktentstehung eine viel kleinere Rolle spielt, als die Kostenplanung und Kostensteuerung.

Target Costing ist in japanischen Unternehmen weit verbreitet. Das zeigt die folgende Tabelle, die die Anzahl (%) befragter Unternehmen angibt, die Target Costing anwenden (vgl. Sakurai 1992, S. 15):

Branchen	Als Managementinstrument	Als Instrument für Techniker	Gesamt (Anwender)	Wird nicht verwendet
Elektrogeräte	28 (48)	13 (22)	41 (70)	18 (30)
Transportmittel	23 (64)	7 (19)	30 (83)	6 (17)
Präzisionsinstrumente	5 (36)	2 (14)	7 (50)	7 (50)
Allgemeine Maschinen	11 (33)	9 (26)	20 (59)	14 (41)
Metallprodukte	4 (29)	1 (7)	5 (36)	9 (64)
Gesamt	71 (45)	32 (21)	103 (66)	54 (34)

Abb. 19: Anwender von Target Costing in Japan

Aber auch in Deutschland wird Target Costing seit mehreren Jahren erfolgreich praktiziert. Es kommt unter anderem bei Unternehmen wie der Audi AG, LTG Lufttechnische GmbH sowie der IBM Deutschland GmbH zum Einsatz.

2.3.6 Target Costing als Controllingansatz im Lean Management

2.3.6.1 Grundzüge des Lean Management

Lean Management ist allgemein ein Konzept zur Unternehmensführung, das aus Japan stammt. Es ist ebenso wie das Target Costing auf den Verlust von Wettbewerbsfähigkeit Mitte der siebziger Jahre zurückzuführen (Ölkrise). Mit Lean Management sollte die Wettbewerbsfähigkeit und damit die Gewinnsituation japanischer Unternehmen wieder gefestigt werden.

Durch die Einführung von Lean Management versuchen Unternehmen im Vergleich zu ihren Wettbewerbern

- weniger Kostengüter zu verbrauchen, d.h. die Gesamtkosten zu senken,

bzw.

- bessere Leistungen für den Markt zu erbringen, d.h. den Kundenwünschen besser entgegen zu kommen.

So wird im Lean Management z.B. angestrebt,

- die Mitarbeiter in der Montage zu reduzieren,
- die Entwicklungsstunden für Produkte zu reduzieren,
- die Bestände zu reduzieren,
- die Zulieferer zu reduzieren,
- kürzere Lieferzeiten zu haben,
- immer schneller mehr Modelle zu produzieren.

Das Schlüsselkonzept im Lean Management lässt sich wie folgt darstellen:

Qualität	**Abschaffung von Verschwendung**

Abb. 20: Schlüsselkonzept des Lean Management

Dahinter steht folgender Grundgedanke: Wenn man die von den Kunden nachgefragten Produkte in bester Qualität herstellt und die Verschwendung abschafft, sinken die Gesamtkosten und man kommt den Kundenwünschen besser entgegen.

Grundsätzliche Ansatzpunkte zur Realisierung dieses Schlüsselkonzepts sind:

- Ganzheitliche Betrachtung der Unternehmensfunktionen,
- Konzentration auf die Wertschöpfung,
- Kaizen,
- Markt- und Kundenorientierung.

- Zur ganzheitlichen Betrachtung der Unternehmensfunktionen

  Ganzheitliche Betrachtung der Unternehmensfunktionen bedeutet, dass nicht einzelne Bereiche wie die Fertigung schlank gemacht werden sollen (Insellösungen), sondern alle Bereiche gleichermaßen. Das setzt die Abstimmung aller Unternehmensfunktionen von der Produktentwicklung über die Beschaffung/Logistik, Fertigung bis hin zum Vertrieb und der Entsorgung voraus. In neuerer Zeit werden ganzheitliche Betrachtungen des Unternehmensgeschehens häufig unter dem Stichwort „Geschäftsprozesse“ bzw. „Geschäftsprozessoptimierung“ diskutiert. Unter einem Geschäftsprozess versteht man die Zusammenfassung aller logisch verbundenen Tätigkeiten, die quer über die betrieblichen Funktionen zur Erreichung eines bestimmten Ziels erforderlich sind (zu Geschäftsprozessen vgl. z.B. Hohmann, 1999, S. 141-143). Ein Beispiel für einen Geschäftsprozess ist die Kundenauftragsabwicklung. Prozessauslöser ist der Kundenauftrag. Durch den Auftrag wird eine Folge von Funktionen wie Kundenauftragsbearbeitung, Lagerreservierung, Lieferscheinerstellung, Versand und Fakturierung ausgelöst. Weitere Beispiele für Geschäftsprozesse sind die Produktentwicklung, Kundenangebotsbearbeitung, Personalbeschaffung, Serviceabwicklung oder Beschaffung. Im Rahmen der Geschäftsprozessoptimierung wird versucht, die Geschäftsprozesse so effizient wie möglich zu gestalten. Dies geschieht üblicherweise dadurch, dass man eine Ist-Analyse der Geschäftsprozesse macht, eine Optimallösung erarbeitet und die Erkenntnisse anschließend umzusetzen versucht.

- Zur Konzentration auf die Wertschöpfung

Konzentration auf die Wertschöpfung (vgl. dazu noch einmal S. 8 ff.) heißt, dass im Rahmen der ganzheitlichen Betrachtung die wertschöpfenden Tätigkeiten (value-added-activities) erhöht und die nicht wertschöpfenden Tätigkeiten (non value-added-activities) minimiert bzw. eliminiert werden. In diesem Zusammenhang unterscheidet Tomys (1995, S. 71-73) vier Arten von Tätigkeiten bzw. Leistungen:

- Nutzleistungen

  Nutzleistungen sind geplante Tätigkeiten, die den Wert eines Produktes steigern. Die für Nutzleistungen eingesetzten Ressourcen werden von den Kunden am Markt durch den erzielbaren Preis gewürdigt. Beispiele für Nutzleistungen sind Fertigungszeiten, Montage, Entwicklung, Einkauf und Marketing.

- Stützleistungen

  Stützleistungen sind geplante Tätigkeiten, die die Nutzleistungen unterstützen. Sie selbst sind jedoch nicht wertschöpfend und sollten daher minimiert werden. Beispiele für Stützleistungen sind Transporte, Wareneingang, Zwischenprüfung und Rüstvorgänge.

- Blindleistungen

  Blindleistungen sind ungeplante Tätigkeiten, die auf Grund von unvorhergesehenen Ereignissen erforderlich werden. Sie sind nicht wertschöpfend und sollten daher minimiert bzw. eliminiert werden. Beispiele für Blindleistungen sind Zwischenlagerungen, Vorhaltung von Sicherheitspuffern, Transporte von und zu Puffern und Konstruktionsänderungen nach Freigaben.

- Fehlleistungen

  Fehlleistungen sind ungeplante Tätigkeiten, die wertverzehrend wirken. Daher sind sie grundsätzlich zu eliminieren. Ein Beispiel für wertverzehrende Tätigkeiten sind Nachbesserungen. Sie erbringen am Markt keinen Pfennig Mehrwert und stellen den Preis für nicht beherrschte Wertschöpfungsprozesse dar. Weitere Beispiele für wertverzehrende Tätigkeiten sind Ausschuss, Fehlerfolgen, Sortierprüfung und interne sowie externe Störungen.

- Zu Kaizen

Kaizen ist eine Philosophie und bedeutet sinngemäß "Veränderung zum Besseren". Grundsätzlich gilt, dass alles noch weiter verbessert werden kann. Kaizen erwartet von jedem Mitarbeiter, dass er zu jeder Zeit an jedem Problem mitdenkt und Verbesserungsvorschläge macht. So sorgte z.B. ein BASF-Mitarbeiter mit einer simplen Veränderung der Anschlusslücke in einem Produktionsbetrieb für eine Mehrproduktion von rund tausend Tonnen eines dringend benötigten Pflanzenschutzmittels im Jahr (vgl. Mannheimer Morgen, 2001, S. 24). Dafür bekam der Mitarbeiter – der übrigens in der Vergangenheit schon 36 Verbesserungsvorschläge gemacht hat – eine Prämie von 170 000 DM (vgl. Mannheimer Morgen, 2001, S. 24). Aber es kommt nicht nur auf Verbesserungen von derart großem Ausmaß an. Viel wichtiger sind die kleinen, nicht immer gleich sichtbaren Schritte, die aber eine ungeheure Breitenwirkung und Nachhaltigkeit haben. „Manchmal sind es auch die kleinen Dinge, die ein großes Unternehmen (hier: DaimlerChrysler) voranbringen: Warum sollte man eigentlich eine Spritzpistole nicht mit einer einfachen Schöpfkelle auffüllen? Das spart viel Zeit, Farbe und noch mehr Reinigungslösung für die verklebten Finger." (Scholl, 2001, S. 17). Bei DaimlerChrysler schätzt man die auf die Ideen der Mitarbeiter zurückgehenden Kosteneinsparungen im Jahr 2000 auf 7 Millionen DM (vgl. Scholl, 2001, S. 17). Letztendlich hat Kaizen zum Ziel, alle Kostensenkungspotenziale auszuschöpfen und mit Unterstützung der Mitarbeiter zur „Null-Fehler-Qualität" zu gelangen (vgl. Horváth/Seidenschwarz/Sommerfeldt, 1993, S. 16).

- Zur Markt- und Kundenorientierung

Die Konzentration auf die Wertschöpfung macht eine strikte Markt- und Kundenorientierung erforderlich. Denn die Grundlage jeder Wertschöpfung ist der Wert, den die Kunden den Produkten beimessen bzw. beimessen werden. Ein Produkt bester Qualität ist für den Kunden wertlos, wenn es seinen Kundenwünschen nicht entspricht. Wertschöpfung ist zwar auch durch Lageraufbau möglich, aber Läger sind ja immer nur die Vorstufe zum Verkauf an den Kunden. Markt- und Kundenorientierung drückt sich z.B. in folgenden Punkten aus:

– Qualität

Es werden nicht einfach Produkte in bester Qualität hergestellt, sondern nur die vom Kunden benötigten Produkte in bester Qualität.

– Innovationen

In vielen Märkten ist eine Zunahme von Innovationen zu beobachten. Das liegt hauptsächlich in den aufgetretenen Sättigungserscheinungen der Märkte in den Industrieländern, veränderten Kundenbedürfnissen, Veränderungsgeschwindigkeiten in der Technik sowie einer Globalisierung des Wettbewerbs. Diese Veränderungen übertragen sich auch auf den Verlauf der Produktlebenszyklen. Die Produkt-Markt-Zyklen werden immer kürzer. So sind z.B. „über 50% der Produkte der SIEMENS AG mittlerweile jünger als vier Jahre und der Produkt-Markt-

Zyklus von Pkws hat sich sogar schon in unseren Breitengraden von neuen auf fünf bis sechs Jahre verkürzt." (Dögl, 2000, S. 125).

- Lieferzeiten

  Kurze Lieferzeiten sind mittlerweile ein strategischer Erfolgsfaktor geworden. Das zeigt sich z.B. im Versandhandel, der mit immer kürzeren Zustellungszeiten wirbt.

Stellt man die Schlüsselkonzepte von Target Costing und Lean Management gegenüber, zeigen sich die engen Beziehungen zwischen Target Costing und Lean Management:

- **Beide Konzepte haben Kostensenkungen zum Ziel.**

  Target Costing verfolgt das Ziel der Stückkostensenkung. Lean Management versucht die Gesamtkosten zu senken.

- **Beide Konzepte sind extrem markt- bzw. kundenorientiert.**

  Beim Target Costing wird der Zielpreis und damit die Zielkosten direkt aus dem Markt abgeleitet. Lean Management ist vollständig auf den Markt ausgerichtet.

- **Beide Konzepte streben eine Koordination aller Unternehmensfunktionen an.**

  Das ergibt sich beim Target Costing daraus, dass die Zielkosten lebensphasenbezogen sind – also die Kosten aller Bereiche von der Produktentwicklung bis zur Entsorgung einbezogen werden. Das heißt aber, dass der Target Costing-Prozess nur funktioniert, wenn alle Abteilungen von der Entwicklung, dem Einkauf, der Produktion, dem Vertrieb, der Kostenrechnung bis hin zum Zulieferer von Beginn der Entwicklung an intensiv im Team zusammenarbeiten. Lean Management strebt die Koordination aller Unternehmensfunktionen schon deswegen an, weil es Insellösungen explizit ablehnt.

- **Bei beiden Konzepten haben neue Produkte einen hohen Stellenwert.**

  Das Schlüsselkonzept des Target Costing zielt in erster Linie auf neue Produkte ab. Im Lean Management werden bewusst immer mehr und immer schneller neue Produkte und Modelle auf den Markt gebracht.

Diese Gemeinsamkeiten lassen vermuten, dass das Target Costing das Lean Management wirkungsvoll unterstützen kann.

2.3.6.2 Unterstützung des Lean Management durch das Target Costing

- Neue Modelle und Produkte

  Im Target Costing werden schon den Konstrukteuren und Entwicklern Zielkosteninformationen vorgegeben, die schließlich über alle Unternehmensfunktionen zur Produktion und dem Vertrieb kostengünstiger Produkte führen sollen. Dieser Ansatz gewinnt natürlich um so mehr Bedeutung, je mehr ein Unternehmen neue Modelle und Produkte auf den Markt bringt – und das ist bei Anwendung des Lean Management der Fall. Also unterstützt das Target Costing das Lean Management wirkungsvoller als jedes andere Kostenrechnungssystem, weil bei den anderen Kostenrechnungssystemen der Schwerpunkt der Kostenplanung und -steuerung nach dem Produktionsstart liegt.

- Delegation

  Eine wichtige organisatorische Maßnahme des Lean Management zur Erreichung seines Schlüsselkonzepts ist die Delegation von Aufgabenkomplexen, Entscheidungsbefugnissen und Verantwortung. Das sieht man z.B. daran, dass im Lean Management – im Gegensatz zu anderen Formen der Unternehmensführung – die Fertigungsmitarbeiter wieder mit mächtigen Kompetenzen ausgestattet werden. So kann jeder Mitarbeiter in der Fertigung die Produktion bei auftretenden Mängeln stoppen. Die konsequente Delegation von Entscheidungsbefugnissen und Verantwortung schafft durch Motivation die notwendigen Voraussetzungen für ein echtes Verpflichtungsgefühl mit Produkt und Aufgabe. Man spricht in diesem Zusammenhang auch von „Humankapitalorientierung", die den einzelnen Mitarbeiter als strategischen Erfolgsfaktor des Unternehmens ansieht (vgl. Pfeiffer/Weiß, 1994, S. 73-82). Diesen Ansatz unterstützt und erweitert das Target Costing. Es überträgt nämlich den Mitarbeitern bzw. Teams zusätzlich zu ihrer Verantwortung für ihre Tätigkeit auch die Kostenverantwortung, d.h. die Verantwortung für die Einhaltung der Zielkosten.

- Information/Kommunikation

  Neben einer verstärkten Delegation setzt Lean Management auf verstärkte Information und Kommunikation bei allen Mitarbeitern. Z.B. wird das feed back der Kunden nicht nur den Vertriebsmitarbeitern bekannt, sondern auch an die Mitarbeiter in der Fertigung übermittelt. Dadurch sollen die Mitarbeiter in der Fertigung nicht für einen anonymen Markt arbeiten, sondern auch darüber informiert sein, wie ihre Arbeit vom Kunden aufgenommen wird. Solche Informationen schaffen Motivation. Ausgeprägte Information und Kommunikation erleichtert die im Lean Management angestrebte personelle Flexibilität, d.h. den häufigen Wechsel von Arbeitsplätzen innerhalb des Unternehmens, Mitarbeit in wechselnden Projektgruppen etc.. Auch das schafft Motivation und schließt gemeinsame Problemlösungspotenziale auf. Auch an diesem Punkt fügt sich das Target Costing als Controllingansatz gut in das Lean Management ein. Die Kosteninformationen, z.B. die Kostenvorgaben für die Entwickler und Konstrukteure, werden den Mitarbeitern nicht einfach mitgeteilt. Vielmehr gibt es Kommitees, die mit Mitarbeitern der verschiedensten Bereiche (Kostenrechnung, Einkauf, Fertigung etc.) besetzt sind. Sie gehen in die einzelnen Entwicklungs- und Produktionsbereiche hinein, sammeln dort Informationen, erarbeiten und vermitteln den Mitarbeitern Kostenvorgaben und versuchen zusammen mit den Bereichen Kostensenkungsideen umzusetzen. Z.B. werden in der Fertigung Kostensenkungsideen gerne mit den Vorarbeitern diskutiert. Die interdisziplinäre Besetzung der Kommitees sorgt dafür, dass die Kommitees und die Unternehmensbereiche dieselbe Sprache sprechen. Das ist eine Voraussetzung dafür, dass die Kosteninformationen des Target Costing umfassend vermittelt werden.

- Kaizen

  Target Costing und die Kaizen-Philosophie des Lean Management ergänzen sich zu einem abgestimmten Kostensteuerungskonzept. Durch die Vorgabe der Zielkosten bekommt Kaizen ein Minimalziel, zu dessen Realisierung es durch eine kontinuierliche Verbesserung der Unternehmensprozesse beiträgt. So lassen sich z.B. durch Berücksichtigung von Erfahrungs- und Lernkurven Kostensenkungen erreichen, die durch die Degression der Fertigungszeiten aufgrund geübterer Handgriffe möglich sind.

- Just-in-Time-Betrieb

  Lean Management führt zu einem konsequenten Just-in-Time-Betrieb, also einem synchronen Zusammenwirken aller Produktionsbereiche einschließlich der Zulieferer, weil dadurch vor allem die Lagerbestände erheblich reduziert werden. Daneben können sich möglicherweise auch die Fertigungszeiten reduzieren, weil nichts mehr vom Lager geholt werden muss. Der Just-in-Time-Betrieb hat Auswirkungen auf die Kapitalrendite und die Zuliefererstrukturen.

  Kapitalrendite

  Die Reduktion der Läger (Vorräte) führt zu einer Erhöhung der Umschlagshäufigkeit des Kapitals (= Anlage- + Umlaufvermögen), weil das Kapital (Umlaufvermögen) sinkt:

$$\text{Umschlagshäufigkeit des Kapitals} = \frac{\text{Umsatz}}{\text{Kapital}}$$

  Eine Erhöhung der Umschlagshäufigkeit des Kapitals ist erwünscht, weil dadurch die Kapitalrendite steigt. Die Kapitalrendite ergibt sich nämlich aus der Multiplikation der Umschlagshäufigkeit des Kapital mit der Umsatzrendite:

$$\text{Umsatzrendite} = \frac{\text{Gewinn}}{\text{Umsatz}}$$

$$\text{Kapitalrendite (ROI)} = \frac{\text{Gewinn}}{\text{Kapital}} = \frac{\text{Umsatz}}{\text{Kapital}} \times \frac{\text{Gewinn}}{\text{Umsatz}}$$

Das Target Costing unterstützt hier das Lean Managment perfekt, weil es auf die zweite Komponente der Kapitalrentabilität zielt: die Umsatzrendite. Der im Schlüsselkonzept des Target Costing vom Zielpreis abgezogene angestrebte Gewinn bemisst sich nämlich nach der geplanten Umsatzrendite.

Zusammenfassend können also Lean Management und Target Costing gemeinsam die Kapitalrendite eines Unternehmens erhöhen, weil die Verfolgung der Umsatzrendite durch das Target Costing die korrespondierende Maßnahme zur Verringerung der Läger (Vorräte) durch den Just-in-Time-Betrieb und die damit verbundene Erhöhung der Umschlagshäufigkeit des Kapitals ist.

Zuliefererstrukturen

Wenn Just-in-Time gefertigt wird, sind die Zulieferer von besonderer Bedeutung. Die Produktion steht nämlich, wenn die Zulieferer nicht rechtzeitig liefern. Die Bedeutung der Zulieferer im Lean Management zwingt dazu, traditionelle Zuliefererstrukturen zu überdenken. Statt loser Beziehungen zu vielen Zulieferern, pflegt man intensive Beziehungen zu nur wenigen Zulieferern. Der Informationsfluss zwischen dem fremdbeziehenden Unternehmen und den Zulieferern wird wesentlich verstärkt. Die Zulieferer müssen genaue Kenntnisse der Produktionsabläufe und des Materialbedarfs bekommen, um synchron zur Produktion liefern zu können.

Das Target Costing unterstützt die intensiven Beziehungen zu den Zulieferern bzw. weitet sie noch aus. Denn den Zulieferern werden nicht mehr wie bisher fertige Konstruktionspläne geliefert, zu denen sie ihre Angebotspreise machen. Vielmehr werden sie frühzeitig und umfassend in das Unternehmen eingebunden, indem ihnen die Verantwortung für die Konstruktion von ganzen Komponenten übertragen wird und die entsprechenden Preisobergrenzen genannt werden, die sich aus den Zielkostenanteilen für die Komponenten ergeben. Häufig haben die Unternehmen und die Zulieferer gemeinsam besetzte Teams, die versuchen, Kostensenkungspotenziale bei den Zulieferern zu nutzen. Zu diesen Kostensenkungspotenzialen gehören z.B. die Senkung der Ausschussquote und die Verwendung von weniger Werkzeugen. Das bedeutet natürlich, dass der Zulieferer seine Kostenstruktur transparent machen muss. Dafür wird ihm aber auch ein Zielgewinn zugestanden. Der Lieferant wird zum Partner des Unternehmens im Kampf um die Zielkosten.

2.3.7 Kritische Würdigung

Als Vorteile des Target Costing können vor allem genannt werden:

- **Markt-/Kundenorientierung**

  Angesichts hart umkämpfter Käufermärkte stellen technologie-orientierte – d.h. an den spezifischen Gegebenheiten des Unternehmens ausgerichtete – Kostenrechnungskonzepte immer weniger einen geeigneten Beitrag zur Wertschöpfung von Unternehmen dar. Sie müssen zunehmend durch marktorientierte – d.h. an den Kunden des Unternehmens ausgerichtete – Konzeptionen ersetzt bzw. ergänzt werden. Target Costing gehört zu diesen Kostenrechnungskonzepten.

- **Klare Zielvorgaben**

  Die Zielkostenanteile stellen für die Mitarbeiter präzise Kostenvorgaben dar.

- **Kostensenkung/Kostenbeeinflussung**

  Das traditionelle Cost-Plus-Verfahren versucht eine Kostenüberwälzung in Preisen. Im Gegensatz dazu zwingt Target Costing zu systematischen Anstrengungen hinsichtlich Kosteneinsparungen, um den Markterfordernissen gerecht zu werden.

Als Probleme des Target Costing kann man vor allem ansehen:

- **Subjektivität bei der Ermittlung der Zielkosten der Produkte**

  Bei den Zielkosten handelt es sich nicht um eine objektive Größe, sondern um Kosten, die von subjektiven Einschätzungen (geschätzter Zielpreis, angenommenes Kostensenkungspotenzial) abhängen. Dieser subjektive Charakter kann für die Motivation der Mitarbeiter ein Problem sein, weil die Zielkosten jederzeit angezweifelt werden können.

- **Voraussetzung für die Spaltung der Zielkosten auf Produktkomponenten**

  Die Spaltung der Zielkosten auf Produktkomponenten setzt voraus, dass bereits in der Konstruktionsphase konkrete Anhaltspunkte über die Teilestruktur eines Produktes – z.B. aus Vorgängermodellen – vorhanden sind. Das ist bei komplexen und hoch innovativen Produkten häufiger nicht der Fall. Dann bietet sich die Funktionsmethode für die Zielkostenspaltung an. Bei dieser Methode werden die Zielkosten entsprechend der Gewichtung der Funktionen durch die potenziellen Kunden auf die Funktionen des Produkts verteilt (vgl. Freidank, 1999, S. 366).

Beispiel:

Die Befragung potenzieller Kunden hat folgende Gewichtung der Funktionen eines Autos ergeben:

Funktionen		Gewicht
F_1	Qualität/Zuverlässigkeit	0,2
F_2	Fahreigenschaften	0,1
F_3	Raumangebot	0,05
F_4 - F_{16}	diverse	0,65
Summe		1,00

Bei Zielkosten in Höhe von 50 000 € ergeben sich dann folgende Zielkostenanteile der Funktionen:

	Zielkosten x Bedeutung =	**Zielkostenanteil**
F_1	50 000 € x 0,2 =	10 000 €
F_2	50 000 € x 0,1 =	5 000 €
F_3	50 000 € x 0,05 =	2 500 €
F_4 - F_{16}	50 000 € x 0,65 =	32 500 €
Summe		50 000 €

Durch die Spaltung der Zielkosten auf die Funktionen soll die frühzeitige Marktorientierung der Konstrukteure an den Kundenbedürfnissen gewährleistet werden (vgl. Franz, 1992, S. 132).

- **Subjektivität bei der Bestimmung der Zielkostenanteile**

Die Höhe der Gemeinkostenbudgets – die von den Zielkosten subtrahiert werden, weil sie sich sinnvoll nicht komponentenweise spalten lassen – wird subjektiv festgelegt. Auch die

- Beschreibung der Produktfunktionen,
- Gewichtung der Produktfunktionen,
- Festlegung des Ausmaßes, mit dem die Komponenten die Funktionen erfüllen,

sind alles willkürliche, nicht intersubjektiv überprüfbare Festlegungen. Entsprechend sind die ermittelten Zielkostenanteile der einzelnen Produktkomponenten bzw. Funktionen willkürlich festgelegt und logisch-zwingend nicht begründbar.

- **Ermittlungsaufwand**

Die Ermittlung der Zielkostenanteile für die Produktkomponenten bzw. Funktionen ist bei komplexen Produkten mit einer Vielzahl von Funktionen und Komponenten aufwendig.

- **Koordinationsaufwand**

Target Costing erfordert einen hohen Koordinationsaufwand, weil eine kostenorientierte Abstimmung vor allem der Unternehmensbereiche Marketing, Forschung und Entwicklung sowie Fertigung im Hinblick auf den Produktlebenszyklus notwendig ist (vgl. Freidank, 1999, S. 355).

- **Unternehmensinterne Widerstände**

Target Costing führt zu einer gezielteren Arbeit aller Unternehmensbereiche im Hinblick auf die Einhaltung der Zielkosten. „Arbeitnehmer, die in der alten Situation mehr Vorteile für sich sahen, werden sich offensichtlich oder unterschwellig gegen das neue Konzept wehren. Sie stören den Umorientierungsprozess nachhaltig. Sind diese Arbeitnehmer in leitender Funktion, kann der Erfolg, besonders in der Umbruch- und Einführungsphase, nachhaltig gefährdet sein.“ (Serfling/Schultze, 1997a, S. 59). Dem Problem kann allerdings durch eine gezielte Öffentlichkeitsarbeit im Haus oder auch durch Anreizsysteme begegnet werden, die eine Entlohnung an die Einhaltung der Zielkosten binden (vgl. Serfling/Schultze, 1997a, S. 60).

- **Strategische Fehlentscheidungen bei Kostensenkungsmaßnahmen**

„Ein langfristig wirksamer und schwer zu korrigierender Fehler ist ein übertriebenes Outsourcing wichtiger Baugruppen der Produktes, um Kosten einzusparen.“ (Serfling/Schultze, 1997a, S. 59). Outsoucing kann zum Verlust von Kernkompetenzen und zu einer unerwünschten Abhängigkeit vom Partner führen.

- **Keine Berücksichtigung von Absatzveränderungen**

  Bislang wird im Konzept des Target Costing nicht berücksichtigt, dass sich durch das neue Produkt bei substitutiven Erzeugnissen aus dem Produktspektrum desselben Unternehmens Absatzverringerungen und dadurch Erlösschmälerungen ergeben können, die sich nachteilig auf den Erfolg des Unternehmens auswirken (vgl. Coenenberg/Fischer/Schmitz, 1994, S. 27).

- **Keine Berücksichtigung von Kapazitätsengpässen**

  Ebenso wird bislang vernachlässigt, dass es bei der Einführung eines neuen Produkts auf Grund von Kapazitätsengpässen zur Verdrängung von anderen Produkten und damit zu entgehenden Deckungsbeiträgen kommen kann, die sich wiederum nachteilig auf den Erfolg des Unternehmens auswirken (vgl. Coenenberg/Fischer/Schmitz, 1994, S. 27).

- **Vollkostenansatz**

  Die Zielkosten sind Vollkosten. Der Vollkostencharakter ist unproblematisch, wenn man an das Bestreben des Target Costing denkt, die Kosten eines Produkts möglichst frühzeitig zu beeinflussen. Denn eine vorteilhafte Gestaltung der Kosten sollte sich nicht auf die einem Produkt zurechenbaren Kosten beschränken, sondern alle Kosten umfassen.

  Anders ist der Vollkostencharakter zu beurteilen, wenn man an den Vergleich der Zielkosten und der Drifting Costs eines Produktes oder seiner Komponenten denkt. Da die Ermittlung der Drifting Costs im Target Costing nicht geregelt ist, sind mehrere Ermittlungsmöglichkeiten denkbar. So kann man die Drifting Costs z.B. mit Hilfe der klassischen Vollkostenrechnung oder der Prozesskostenrechnung bestimmen. Da die klassische Vollkostenrechnung aber zu anderen Produkt-Vollkosten als die Prozesskostenrechnung führt (vgl. dazu noch einmal S. 51ff.), ist die Beurteilung eines Produktes oder seiner Komponenten hinsichtlich Kostensenkungsbedarf oder Spielraum für Funktionsverbesserungen vom Ermittlungsverfahren der Drifting Costs abhängig. Das ist unbefriedigend, weil dadurch der Vergleich der Zielkosten und der Drifting Costs intersubjektiv nicht prüfbar ist.

2.4 Product Lifecycle Costing

2.4.1 Grundidee

Das Konzept des Lifecycle Costing wurde zum ersten Mal Anfang der sechziger Jahre in den USA vom United States Department of Defense als Entscheidungshilfe für die Beschaffung von Waffensystemen eingesetzt (vgl. Seldon, 1979, S. 1ff., Dhillon, 1989, S. 29ff.). Hintergrund war, dass das United States Department of Defense durch gekürzte Budgets eine Ausgabenanalyse vorgenommen hatte. Diese hatte gezeigt, dass ein erheblicher Teil der Ausgaben nicht für Anschaffungen anfielen, sondern für die Instandhaltung und den Betrieb der zuvor beschafften Systeme. Dadurch wurde deutlich, dass bei der Auftragsvergabe für die Systeme nicht nur deren Anschaffungskosten, sondern auch die zu erwartenden Folgeausgaben aus dem gesamten Lebenszyklus der Systeme relevant und daher bei der Entscheidungsfindung zu berücksichtigen sind. Später wurde das Konzept des Lifecycle Costing in den USA auch zur Wirtschaftlichkeitsbeurteilung und Gestaltung komplexer Großprojekte des industriellen Anlagenbaus eingesetzt. In den USA ist es bei bestimmten öffentlichen Aufträgen sogar vorgeschrieben (vgl. Pfohl/Wübbenhorst, 1983, S. 143, Wübbenhorst, 1984, S. 5 ff., 13 ff.). Mittlerweile wird mit diesem Konzept auch die Wirtschaftlichkeit von Produkten analysiert, wie schon an der Bezeichnung Product Lifecycle Costing erkennbar ist.

Das Product Lifecycle Costing basiert auf der Erkenntnis, dass ein Produkt über seinen gesamten Lebenszyklus hinweg zu Kosten und Erlösen führt. Der Lebenszyklus eines Produktes und die zugehörigen Aktivitäten können wie folgt dargestellt werden (vgl. Back-Hock, 1992, S. 706):

Entstehungszyklus	**Marktzyklus**	**Nachsorgezyklus**
▪ Umfeldanalyse, Ideensuche ▪ Alternativenauswahl ▪ Forschung ▪ Entwicklung ▪ Vorbereitung von Produktion und Absatz	▪ Markteinführung ▪ Marktdurchdringung ▪ Marktsättigung ▪ Marktdegeneration	▪ Garantie ▪ Wartung, Reparatur ▪ Entsorgung

Abb. 21: Lebenszyklus eines Produkts

Entsprechend kann man die Kosten und Erlöse differenzieren (vgl. Back-Hock, 1988, S. 26, Männel, 1996, S. 74):

Entstehungszyklus		Marktzyklus		Nachsorgezyklus	
Vorlaufkosten	Vorlauferlöse	Begleitende Kosten	Begleitende Erlöse	Folgekosten	Folgeerlöse
- technologische Vorlaufkosten (F&E) - vertriebliche Vorlaufkosten (z.B. Marktforschung) - sonstige Vorlaufkosten (z.B. Organisation) - Anpassungs-/Änderungskosten (z. B. Proukt-verbesserung)	- Subventionen für F&E - Steuervergünstigungen durch F&E	- Einführungskosten (Ersteinführung, Relaunch) - laufende Kosten - Auslaufkosten	- Aktionserlöse - laufende Erlöse - Abbauerlöse	- Wartungskosten - Reparaturkosten - Garantiekosten - Kosten für Ausmusterung - Kosten für Entsorgung - Kosten für Verwertung - sonstige Folgekosten (z.B. Ersatzteilhaltung)	- Wartungserlöse - Reparaturerlöse - Verwertungserlöse aus dem Recycling - sonstige Erlöse (z.B. Ersatzteilerlöse)

Abb. 22: Lebenszyklusbezogene Kosten- und Erlöskategorien

Insbesondere die Vorlauf- und die Folgekosten haben in den vergangenen Jahren besondere Bedeutung erlangt (vgl. dazu Männel, 1996, S. 74). Der Anstieg der Vorlaufkosten resultiert daraus, dass die Unternehmen immer mehr in Forschung, Entwicklung und Konstruktion sowie in die perfekte Vorbereitung der Herstellung investieren müssen, um durch Qualität, Mengen- und Termintreue, Innovationskraft und Innovationsgeschwindigkeit ihre Stellung im verschärften und internationalisierten Wettbewerb behaupten zu können. So kann z.B. das Gesamtvolumen der Vorlaufkosten in der Automobilindustrie in die Milliarden € gehen (vgl. Schirmer, 1990, S. 894). Der Anstieg der Folgekosten – z.B. für Entsorgung und Verwertung – erklärt sich nicht zuletzt aus dem gestiegenen Umweltbewusstsein. Die Beachtung des Umweltbewusstseins der Bevölkerung durch die

Unternehmen ist bereits zu einem relevanten Wettbewerbsfaktor geworden und wird es immer mehr werden. Außerdem müssen die Unternehmen zunehmend gesetzliche Regelungen zum Umweltschutz befolgen. So müssen z.B. spätestens vom Jahr 2007 an sämtliche Altfahrzeuge von den Herstellern auf deren Kosten entsorgt werden (vgl. Frankfurter Rundschau, 2000, S. 11). Für demnächst neu zugelassene Pkw gilt diese Verpflichtung bereits von Juli 2002 an. Die europäische Pkw-Branche rechnet dadurch mit finanziellen Belastungen in dreistelliger Millionenhöhe.

Bisher verrechnen die meisten Unternehmen die Vorlauf- und Folgekosten zu Lasten der Perioden, in denen sie anfallen. Das hat zur Folge, dass „sie als Gemeinkostenbestandteile Produkte belasten, die diesen Kostenanfall mit Sicherheit nicht ausgelöst haben. Insofern kommt es zum Ausweis falscher Periodenergebnisse." (Männel, 1996, S. 74). Um dieses Problem zu lösen, braucht man ein Instrument zur mehrperiodigen Planung, Steuerung und Kontrolle der totalen Kosten und Erlöse eines Produkts über dessen gesamten Lebenszyklus. Ein solches Instrument ist das Product Lifecycle Costing.

Hauptaufgaben des Product Lifecycle Costing sind:

- **Minimierung der Lebenszykluskosten**

  Dabei setzt das Product Lifecycle Costing vor allem auf die aktive Beeinflussung der Kosten- und Leistungsmerkmale im Entstehungszyklus. Die Notwendigkeit einer frühzeitigen Kostenbeeinflussung resultiert aus dem Beziehungszusammenhang zwischen Kostenfestlegung und Kostenanfall. Nach einer Untersuchung des Vereins Deutscher Ingenieure (1987, S. 3) besteht eine unverhältnismäßige Relation zwischen Kostenfestlegung und Kostenanfall:

Bereiche	**Kostenfestlegung**	**Kostenanfall**
Entwicklung und Konstruktion	70 %	6 %
Arbeitsvorbereitung und Fertigung	20 %	36 %
Einkauf und Materialwirtschaft	7 %	40 %
Vertrieb und Verwaltung	3 %	18 %

Abb. 23: Anteile unterschiedlicher Bereiche an Kostenfestlegung und Kostenanfall bezogen auf die Produktselbstkosten

„In diesem empirisch bestätigten Phänomen kommt die diametrale Beziehung zum Ausdruck, dass mit der Konzipierung eines Produkts bzw. einer Produktart und den der Produktion vorgelagerten Aktivitäten – insbesondere Forschung, Entwicklung und Konstruktion – bereits zu einem großen prozentualen Anteil die später während der Realisierungsprozesse anfallenden Kosten festgelegt werden. Im Vergleich dazu ist der in Prozent ausgedrückte Kostenanfall wesentlich geringer." (Zehbold, 1996, S. 47).

Zur frühzeitigen Kostenbeeinflussung gehören auch Überlegungen dahingehend, ob und inwieweit eine Kostenerhöhung in den Phasen vor der Produkteinführung in späteren Lebenszyklusphasen zu Kostensenkungen führen können. Als Faustregel wird diesbezüglich genannt, dass eine Geldeinheit Kostenerhöhung für Produktkonzeption, -konstruktion und -entwicklung später acht bis zehn Geldeinheiten im Produktions- und Vertriebsbereich einspart (vgl. Shields/Young, 1991, S. 39).

- **Laufende Rentabilitätsermittlung**

  „Actually, ownership costs are meaningless without corresponding measures of system availability and performance over the time." (Womer, 1983, S. 621). Daraus folgt, dass das Product Life Cycle Costing zu einer Ergebnisrechnung erweitert werden muss, die während des gesamten Produktlebenszyklus zu jedem Zeitpunkt die Rentabilität des Produkts angeben kann (ähnlich Zehbold, 1996, S. 48).

2.4.2 Investitionsorientierter Ansatz

2.4.2.1 Rechengrößen

Im investitionsorientierten Ansatz des Product Lifecycle Costing werden die Rechengrößen Kosten und Erlöse durch die Rechengrößen Auszahlungen und Einzahlungen ersetzt. Dahinter stehen folgende Überlegungen. Kosten werden üblicherweise im Sinne des wertmäßigen Kostenbegriffs definiert. Danach werden Kosten als

- bewerteter
- leistungsverbundener
- Güterverzehr

verstanden. Da die meisten Kostenrechnungen kurzfristig ausgerichtet sind, ist den so definierten Kosten die Periodisierung immanent.

Beispiel:

Ein Unternehmen hat einen Versicherungsvertrag über 12 Monate abgeschlossen. Die Jahresprämie beträgt 24 000 €. Üblicherweise werden die Kosten des Versicherungsvertrags in der monatlichen Ergebnisrechnung periodisiert, d.h. in jedem Monat werden 1/12 der Jahresprämie – also 2 000 € – als Kosten ausgewiesen.

Sowohl der wertmäßige Kostenbegriff, als auch die Periodisierung der Kosten sind in der Vergangenheit vielfach kritisiert worden (vgl. insbesondere Riebel, 1990, z.B. S. 411-418). Hauptsächlich ist Folgendes einzuwenden:

- Es muss kein Güterverzehr vorliegen, damit Kosten entstehen. Das zeigt z.B. die Diskussion über den Kostencharakter von Steuern.
- Die Bewertung des Güterverzehrs und damit die Höhe der Kosten ist unbestimmt. Als Bewertungsansätze kommen z.B. Anschaffungspreise, Tagespreise oder Wiederbeschaffungspreise in Frage.
- Durch die Periodisierung der Kosten werden die betrieblichen Vorgänge nicht wirklichkeitsnah abgebildet. Dadurch kann es zu Fehleinschätzungen und Fehlentscheidungen kommen. So entsteht im Beispiel des Versicherungsvertrages durch die Periodisierung der falsche Eindruck, dass sich monatlich 2 000 € Versicherungskosten abbauen lassen.

Im investitonsorientierten Ansatz des Product Lifecycle Costing spielen diese Probleme keine Rolle.

- Die Totalbetrachtung eines Produktlebenszyklus bietet die Möglichkeit, ohne Periodisierung auszukommen. Wozu sollte man in einer Totalbetrachtung z.B. Investitionen in Form von Abschreibungen periodisieren?
- Man kommt auch ohne den wertmäßigen Kostenbegriff und seine Probleme aus, weil man das Ergebnis des betrachteten Produktlebenszyklusses einfach durch die Gegenüberstellung der Ein- und Auszahlungen darstellen kann, die im Zusammenhang mit dem Produkt anfallen.

Die Verwendung von Ein- und Auszahlungen als Rechengrößen im Product Lifecycle Costing hat erhebliche Vorteile:

- Ein- und Auszahlungen gehören zu den originären Rechengrößen. Originäre Rechengrößen sind solche Größen, die konkret messbar sind. Neben den Ein- und Auszahlungen gehören dazu insbesondere noch (vgl. Riebel, 1984, S. 216):

  - Zahlungsmittelbestand,
  - Ein- und Ausgaben,
  - Mengen von Realgütern (z.B. Sachgüter).

  Im Gegensatz zu den abgeleiteten fiktiven Rechengrößen – wie den Kosten nach dem wertmäßigen Kostenbegriff – sind originäre Rechengrößen intersubjektiv nachprüfbar.

  Durch die Verwendung originärer Rechengrößen und die Abkehr von künstlichen Abrechnungsperioden ist das investitionsorienterte Product Lifecycle Costing von allen traditionellen Kostenrechnungen am ehesten der Einzelkosten- und Deckungsbeitragsrechnung nach Riebel verwandt. Auch in der Einzelkosten- und Deckungsbeitragsrechnung wird mit originären Rechengrößen gearbeitet. Das zeigt sich besonders daran, dass an Stelle des wertmäßigen Kostenbegriffs mit dem entscheidungsorientierten Kostenbegriff gearbeitet wird. Nach dem entscheidungsorientierten Kostenbegriff sind Kosten die durch die Entscheidung über ein betrachtetes Objekt ausgelösten zusätzlichen – nicht kompensierten – Ausgaben (Auszahlungen) (vgl. Riebel, 1990, S. 427). Ebenso wird in der Einzelkosten- und Deckungsbeitragsrechnung die Periodisierung von Kosten abgelehnt. Statt dessen werden die Kosten gemäß ihrer zeitlichen Dimension auf die entsprechenden Perioden zugerechnet. Z. B. würde man die Kosten des Versicherungsvertrages auf Grund der 12-monatigen Bindungsdauer als Jahreseinzelkosten bezeichnen und nur einem Jahr oder größeren, nicht aber kleineren Zeitabschnitten zuordnen. Die Konsequenz dieser Vorgehensweise ist eine Hierarchie verschiedenster Zeiträume und zugehöriger Kosten, deren Interpretation bzw. Auswertung für unternehmerische Entscheidungen in der Praxis häufig als zu schwierig angesehen wird.

- Die künstliche Kluft wird geschlossen, die zwischen Kostenrechnung und Investitionsrechnung durch die Verwendung unterschiedlicher Rechengrößen besteht. Die Notwendigkeit einer Verknüpfung von Investitions- und Kostenrechnung wird in der Literatur immer wieder betont (vgl. z.B. Riebel, 1990, S. 629-630). Für eine Verzahnung sprechen vor allem folgende Aspekte (vgl. Küpper, 1990, S. 253-255):
  - Sowohl die Investitionsrechnung als auch die Kostenrechnung liefern Informationen für die Planung und Kontrolle.
  - Tendenziell unterstützt die Investitionsrechnung eher den längerfristigen, die Kostenrechnung den kurzfristigen Bereich. Das Kriterium der Fristigkeit ermöglicht aber keine eindeutige Abgrenzung zwischen den Rechnungen, weil der Übergang zwischen den Planungsfristen fließend ist.
  - Da die übergeordneten Unternehmensziele finanzwirtschaftlich definiert sind, kann die Kostenrechnung die Wirkungen auf die Zahlungsströme nicht länger vernachlässigen.
  - Nur originäre Rechengrößen stellen eine klare empirische Grundlage für Planungs- und Kontrollrechnungen dar.

2.4.2.2 Konzept

Investitionen werden i. d. R. durch einen Zahlungsstrom gekennzeichnet, der mit einer Auszahlung beginnt und in späteren Zahlungszeitpunkten Einzahlungen bzw. Einzahlungen und Auszahlungen erwarten lässt. Dabei wird dem zeitlichen Anfall der Zahlungen eine wesentliche Bedeutung beigemessen. Die Bedeutung ergibt sich aus dem Zeitwert des Geldes. Der Zeitwert des Geldes drückt aus, dass eine „Einzahlung heute" mehr wert ist, als eine „Einzahlung morgen". Das folgt daraus, dass eine „Einzahlung heute" zinsbringend bis morgen angelegt werden kann. Der Zeitwert des Geldes wird in den dynamischen Verfahren der Investitionsrechnung berücksichtigt. Mit ihnen können Investitionsalternativen im Hinblick auf mehrperiodige Erfolgsziele wie Kapitalwert, Endwert, Interner Zinsfuß o.ä. beurteilt werden, die sich aus den Zahlungsgrößen berechnen. Die dynamischen Verfahren der Investitionsrechnung finden auch im investitionsorientierten Product Lifecycle Costing Anwendung, wie das folgende Beispiel zeigt.

Anwendungsbeispiel für das Product Lifecycle Costing (in Anlehnung an Coenenberg/Fischer/Schmitz, 1994, S. 2 ff):

Ausgangsdaten

Ein Unternehmen will ein neues Gerät der medizinischen Diagnostik auf dem Markt einführen. Das Modell soll laut Planung in einer Kleinserie aufgelegt werden (insgesamt ca. 1 000 Stück). Es handelt sich um ein Produkt der „oberen Mittelklasse", das sowohl für größere Arztpraxen, als auch kleine Krankenhäuser konzipiert wurde.

Zahlungsreihe

Der Zahlungsreihe für das Produkt in der Stückzahl 1 000 liegt ein Planungshorizont von 10 Jahren zu Grunde. Folgende Ein- und Auszahlungen (in Mill. €) werden geschätzt:

	Entstehungs-zyklus			**Marktzyklus**					**Nachsorge-zyklus**		
Jahr	2004	2005	2006	2007	2008	2009	2010	2011	2012	2013	Σ
Einzahlungen (E_t)											
Verkauf				94	99	87	77	89			446
Wartung				45	50	57	68	75	64	45	404
Auszahlungen (A_t)											
Entwicklung	11	14	18	14	28	18	5				108
Investitionen		12	18	19	22						71
Herstellung				38	40	35	30	31			174
Vertrieb				20	12	27	15	8			82
Wartung				14	17	25	18	15	12	8	109
Entsorgung									11	11	22
Verwaltung	15	15	15	23	23	23	23	23	18	18	196

Erläuterungen:

- Der Entstehungszyklus umfasst die Jahre 2004 bis 2006. In ihm fallen nur Auszahlungen und zwar für Entwicklung, Investitionen und Verwaltung an.
- Der Marktzyklus beginnt 2007 und endet 2011. Neben diversen Auszahlungen werden aus dem Verkauf und der Wartung Einzahlungen erzielt.
- Der Nachsorgezyklus umfasst die Jahre 2012 und 2013. In ihm werden Einzahlungen nur noch durch die Wartung der früher abgesetzten Geräte erzielt. Es fallen keine Herstellkosten und keine Vertriebskosten mehr an, sondern nur noch Auszahlungen für Wartung, Entsorgung und Verwaltung.
- Die Verwaltungskosten sind prozessorientiert ermittelt. Ihr Verlauf erklärt sich daraus, dass das Produkt im Entstehungszyklus und im Nachsorgezyklus wesentlich weniger verwaltungstechnische Prozesse in Anspruch nimmt, als im Marktzyklus.

Anwendung der Kapitalwertmethode

Bei Anwendung der Kapitalwertmethode wird der Zeitwert des Geldes berücksichtigt, indem alle zukünftigen Ein- und Auszahlungen auf den Zeitpunkt der ersten Zahlung abgezinst (diskontiert) werden. Die abgezinsten Zahlungen werden als Barwerte bezeichnet. Die Abzinsung erfolgt mit einem Zinssatz, der die gewünschte Mindestverzinsung der Investition darstellt (Kalkulationszinssatz). In der Investitionsrechnung wird als gewünschte Mindestverzinsung meist der Zinssatz angesetzt, den der Investor für Fremdkapital entrichten muss bzw. der ihm entgeht, wenn er zu Gunsten der Investition auf eine alternative Geldanlage verzichtet. Charakteristisch für die Kapitalwertmethode ist außerdem die Annahme, dass die während der Lebensdauer anfallenden Einzahlungsüberschüsse zum Kalkulationszinsfuß angelegt werden können (Wiederanlageprämisse). Im Beispiel wird mit einem Kalkulationszinssatz i = 12 % gerechnet.

Der Kapitalwert (K) einer Investition ist die Differenz aus der Summe der Barwerte aller Einzahlungen (E_t) und der Summe der Barwerte aller Auszahlungen (A_t), beide bezogen auf den Zeitpunkt der ersten Zahlung. Anders ausgedrückt ist der Kapitalwert die Summe der auf den Zeitpunkt der ersten Zahlung abgezinsten Einzahlungsüberschüsse / -unterdeckungen der Perioden:

$$K = \sum_{t=0}^{n} E_t (1+i)^{-t} - \sum_{t=0}^{n} A_t (1+i)^{-t}$$

bzw.

$$K = \sum_{t=0}^{n} (E_t - A_t)(1+i)^{-t}$$

$(1+i)^{-t}$ = Abzinsungsfaktor

Ermittlung des Kapitalwertes

i = 12 %	2004	2005	2006	2007	2008	....
Einzahlungen (E_t)						
Verkauf				94	99	
Wartung				45	50	
Auszahlungen (A_t)						
Entwicklung	11	14	18	14	28	
Investitionen		12	18	19	22	
Herstellung				38	40	
Vertrieb				20	12	
Wartung				14	17	
Entsorgung						
Verwaltung	15	15	15	23	23	
(E_t-A_t) nominal	- 26	- 41	- 51	+ 11	+ 7	
nominal kumuliert	- 26	- 67	- 118	- 107	- 100	
(E_t-A_t) diskontiert	- 26	- 36,61	- 40,66	+ 7,83	+ 4,45	
diskontiert kumuliert	- 26	- 62,61	- 103,27	- 95,44	- 90,99	

i = 12 %	2009	2010	2011	2012	2013	Σ
Einzahlungen (E_t)						
Verkauf	87	77	89			446
Wartung	57	68	75	64	45	404
Auszahlungen (A_t)						
Entwicklung	18	5				108
Investitionen						71
Herstellung	35	30	31			174
Vertrieb	27	15	8			82
Wartung	25	18	15	12	8	109
Entsorgung				11	11	22
Verwaltung	23	23	23	18	18	196
(E_t-A_t) nominal	+ 16	+ 54	+ 87	+ 23	+8	+ 88
nominal kumuliert	- 84	- 30	+ 57	+ 80	+ 88	+ 88
(E_t-A_t) diskontiert	+ 9,08	+ 27,36	+ 39,35	+ 9,29	+ 2,89	- 3,02
diskontiert kumuliert	- 81,91	- 54,55	- 15,20	- 5,91	- 3,02	- 3,02

Erläuterungen:

- Die Werte der Zeile „(E_t - A_t) nominal“ ergeben sich, wenn man für jedes Jahr die Differenz zwischen den Ein- und Auszahlungen bildet.
- Die Werte der Zeile „nominal kumuliert“ ergeben sich, indem man die Ein- bzw. Auszahlungsüberschüsse der einzelnen Jahre addiert.

  Beispiel:

  Der Wert des Jahres 2010 ergibt sich aus der Addition von - 26 + - 41 + - 51 + 11 + 7 + 16 + 54 = - 30.
- Die Werte der Zeile „(Et - At) diskontiert“ ergeben sich, indem man die Ein- bzw. Auszahlungsüberschüsse der Jahre mit 12% p. a. abzinst.

  Beispiel:

  Der Wert des Jahres 2010 ergibt sich aus

  $54\,(1 + 0{,}12)^{-6} = + 27{,}36$
- Die Werte der Zeile „diskontiert kumuliert“ ergeben sich, indem man die diskontierten Ein- bzw. Auszahlungsüberschüsse der einzelnen Jahre addiert.

  Beispiel:

  Der Wert des Jahres 2010 ergibt sich aus der Addition von - 26 + - 36,61 + - 40,66 + 7,83 + 4,45 + 9,08 + 27,36 = - 54,55
- Der Kapitalwert des Produkts ergibt sich aus der Summe der diskontierten Ein- bzw. Auszahlungsüberschüsse der einzelnen Jahre bzw. unmittelbar aus den diskontierten kumulierten Ein- bzw. Auszahlungsüberschüssen. Er beträgt im Beispiel - 3,02. Ein negativer Kapitalwert bedeutet, dass das Produkt über seinen Lebenszyklus die gewünschte Mindesverzinsung nicht erreicht. Welche konkrete Verzinsung das Produkt erbringt, lässt sich mit Hilfe der Internen Zinsfußmethode ermitteln.

Anwendung der Internen Zinsfußmethode

Der interne Zinsfuß einer Investition gibt an, mit welchem Prozentsatz sich das investierte Kapital im Jahr verzinst. Es ist der Zinssatz, bei dem der Kapitalwert einer Investition Null ist. Dementsprechend ergibt sich der interne Zinsfuß, indem man die Formel für den Kapitalwert gleich Null setzt

$$0 = \sum_{t=0}^{n} (E_t - A_t)(1 + r)^{-t}$$

und nach r auflöst (r steht hier an Stelle von i, weil mit einem Kapitalwert von Null der Zinssatz determiniert ist).

Eine nähere Betrachtung der Formel macht schnell deutlich, dass der interne Zinsfuß nicht so einfach wie der Kapitalwert zu ermitteln ist. Das Hauptproblem für das Anwendungsbeispiel zum Product Lifecycle Costing besteht darin, dass eine Gleichung zu lösen ist, in der der gesuchte Wert in einer höheren Potenz auftritt und die Zahlungsreihe keine gleichmäßigen Rückflüsse über die Zeit aufweist. In solchen Fällen ist keine exakte, sondern nur eine näherungsweise Ermittlung des internen Zinsfußes möglich. Hier wird der interne Zinsfuß mit Hilfe einer linearen Interpolation bestimmt.

Ermittlung des internen Zinsfußes des Produkts durch lineare Interpolation

Rechenschritte:

1. Zu zwei Versuchszinssätzen r_1 und r_2 werden die dazugehörigen Kapitalwerte K_1 und K_2 bestimmt. Die Kapitalwerte sollten unterschiedliche Vorzeichen haben.
2. Die erste Näherungslösung wird wie folgt bestimmt:

$$r_3 = r_1 + \frac{K_1}{K_1 - K_2}(r_2 - r_1)$$

3. Die weiteren Näherungslösungen werden analog ermittelt.

$$r_4 = r_1 + \frac{K_1}{K_1 - K_3}(r_3 - r_1)$$

r_{5-n} analog

zu 1. Zwei Versuchszinssätze und zwei Kapitalwerte

Aus der Kapitalwertberechnung ist bekannt, dass bei einem Kalkulationszinsfuß von 12% (= r_2) der Kapitalwert - 3,02 (= K_2) beträgt. Demzufolge muss ein Zinssatz (= r_1), bei dem ein positiver Kapitalwert (= K_1) entsteht, kleiner als 12% sein.

Versuchszinssatz r_1 = 11,3%.

$$K_1 = -26 - \frac{41}{1{,}113} - \frac{51}{1{,}238769} + \ldots\ldots$$

$$K_1 = -26 - 36{,}84 - 41{,}17 + 7{,}98 + 4{,}56 + 9{,}37 + 28{,}41 + 41{,}12 + 9{,}77 + 3{,}05 = 0{,}25.$$

Da sich bei r_1 = 11,3% ein positiver und bei r_2 = 12% ein negativer Kapitalwert ergibt, liegt der interne Zinsfuß des Produkts zwischen 11,3% und 12%.

zu 2. Erste Näherungslösung

$$r_3 = 0{,}113 + \frac{0{,}25}{0{,}25 + 3{,}02}\,(0{,}12 - 0{,}113)$$

r_3 = 11,3535%

$$K_3 = -26 - \frac{41}{1{,}113535} - \frac{51}{1{,}23996019622} + \ldots\ldots$$

$$K_3 = -26 - 36{,}82 - 41{,}13 + 7{,}97 + 4{,}55 + 9{,}35 + 28{,}33 + 40{,}98 + 9{,}73 + 3{,}04 = 0.$$

Ergebnis:

Im vorliegenden Fall ergibt sich schon aus der ersten Interpolation der interne Zinsfuß des Produkts mit 11,3535%, d.h. das Produkt verzinst sich jährlich mit 11,3535%. Die gewünschte Mindestverzinsung in Höhe von 12% wird also nicht erreicht.

Simulation zur Verbesserung der Rentabilität des Produkts

Aufbauend auf der Faustregel, dass eine Geldeinheit Kostenerhöhung für Produktkonzeption, -konstruktion und -entwicklung später acht bis zehn Geldeinheiten im Produktions- und Vertriebsbereich einspart (vgl. Shields/Young, 1991, S. 39), kann man folgende Simulationsrechnung zur Verbesserung der Rentabilität des Produkts anstellen:

variierte Zahlungsreihe:

	Entstehungs-zyklus			Marktzyklus					Nachsorge-zyklus		
Jahr	2004	2005	2006	2007	2008	2009	2010	2011	2012	2013	Σ
Einzahlungen (E_t)											
Verkauf				94	99	87	77	89			446
Wartung				45	50	57	68	75	64	45	404
Auszahlungen (A_t)											
Entwicklung	**11 + 1= 12**	14	18	14	28	18	5				**109**
Investitionen		12	18	19	22						71
Herstellung				**38 - 1 = 37**	**40 - 1 = 39**	**35 - 1 = 34**	**30 - 1 = 29**	**31 -1 = 30**			**169**
Vertrieb				**20 - 1 = 19**	**12 - 1 = 11**	**27 - 1 = 26**	**15 - 1 = 14**	**8 - 1 = 7**			**77**
Wartung				14	17	25	18	15	12	8	109
Entsorgung									11	11	22
Verwaltung	15	15	15	23	23	23	23	23	18	18	196

Aus dieser Zahlungsreihe ergibt sich bei einer Abzinsung wiederum mit der gewünschten Mindestverzinsung in Höhe von 12% folgender Kapitalwert:

Ermittlung des Kapitalwertes

i = 12 %	2004	2005	2006	2007	2008	....
Einzahlungen (E_t)						
Verkauf				94	99	
Wartung				45	50	
Auszahlungen (A_t)						
Entwicklung	**12**	14	18	14	28	
Investitionen		12	18	19	22	
Herstellung				**37**	**39**	
Vertrieb				**19**	**11**	
Wartung				14	17	
Entsorgung						
Verwaltung	15	15	15	23	23	
(E_t-A_t) nominal	**- 27**	- 41	- 51	**+ 13**	**+ 9**	
nominal kumuliert	**- 27**	**- 68**	**- 119**	**- 106**	**- 97**	
(E_t-A_t) diskontiert	**- 27**	- 36,61	- 40,66	**+ 9,25**	**+ 5,72**	
diskontiert kumuliert	**- 27**	**- 63,61**	**- 104,27**	**- 95,02**	**- 89,30**	

i = 12 %	2009	2010	2011	2012	2013	Σ
Einzahlungen (E_t)						
Verkauf	87	77	89			446
Wartung	57	68	75	64	45	404
Auszahlungen (A_t)						
Entwicklung	18	5				**109**
Investitionen						71
Herstellung	**34**	**29**	**30**			**169**
Vertrieb	**26**	**14**	**7**			**77**
Wartung	25	18	15	12	8	109
Entsorgung				11	11	22
Verwaltung	23	23	23	18	18	196
(E_t-A_t) nominal	**+ 18**	**+ 56**	**+ 89**	+ 23	+8	**+ 97**
nominal kumuliert	**- 79**	**- 23**	+ 66	**+ 89**	**+ 97**	**+ 97**
(E_t-A_t) diskontiert	**+ 10,21**	**+ 28,37**	**+ 40,26**	+ 9,29	+ 2,89	**+ 1,72**
diskontiert kumuliert	**- 79,09**	**- 50,72**	**- 10,46**	**- 1,17**	**+ 1,72**	**+ 1,72**

Ergebnis:

Bereits die Erhöhung der Entwicklungskosten um 1 Million € in 2001 führt bei der Annahme, dass im Produktions- und Vertriebsbereich Kosteneinsparungen in Höhe von 10 Millionen € möglich sind, zu einem positiven Kapitalwert des Produkts in Höhe von 1,72 Millionen €. Ein positiver Kapitalwert bedeutet, dass eine höhere Verzinsung als die gewünschte Mindestverzinsung – hier 12% – erreicht wird. Das Produkt ist jetzt also vorteilhaft. Die tatsächliche Verzinsung des Produkts lässt sich wieder mit Hilfe der Internen Zinsfußmethode durch lineare Interpolation ermitteln.

Interne Zinsfußmethode

Nach diversen Interpolationen ergibt sich als interner Zinsfuß des Produkts 12,3645%.

$$K = -27 - \frac{41}{1{,}123645} - \frac{51}{1{,}26257808602} + \ldots\ldots$$

$$K = -27 - 36{,}49 - 40{,}39 + 9{,}16 + 5{,}65 + 10{,}05 + 27{,}82 + 39{,}35 + 9{,}05 + 2{,}80 = 0.$$

Neben der von Shields/Young (1991, S. 39) aufgestellten Faustregel kann man sich weitere Regeln bei der Simulation zur Verbesserung der Rentabilität eines Produktes zu Nutze machen. So zeigt z.B. die folgende Abbildung eine Studie der Elektroindustrie über die Fehlerkostenprogression (vgl. Bröckelmann, 1995, S. 57):

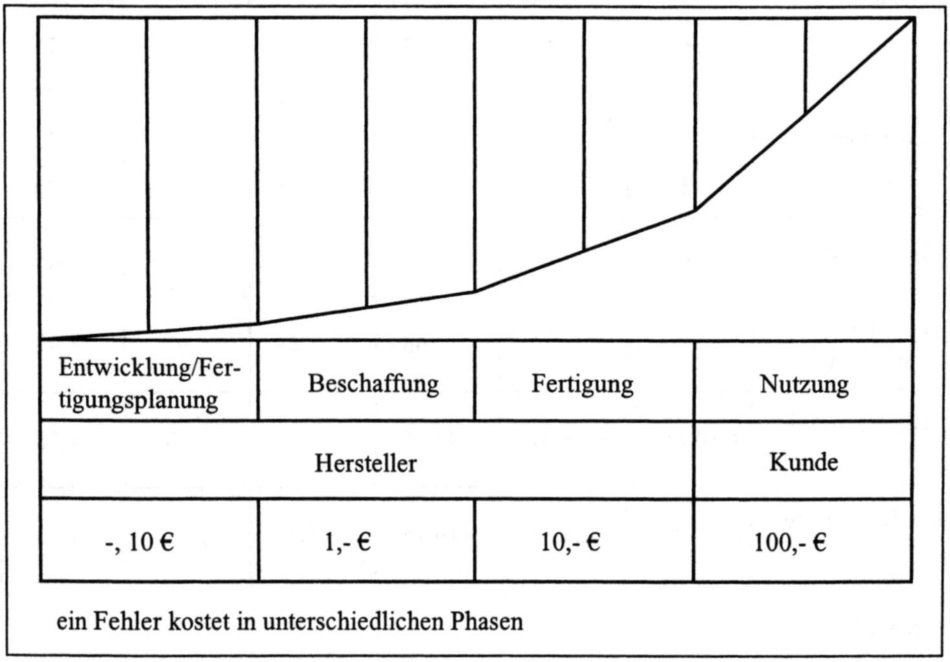

Abb. 24: Fehlerkostenprogression

„Die Fehlerkostenprogression zeigt, dass durch eine frühzeitige Fehlererkennung eine tausendfache Kosteneinsparung (bzw. Kostenvermeidung) erfolgen kann. Werden nun Mittel für das Qualitätsmanagement zu einem sehr frühen Zeitpunkt des Qualitätskreises eingesetzt, dann kann über die Hebelwirkung der Fehlerkostenprogression eine starke Minimierung bei den Fehlerkosten realisiert werden.“ (Bröckelmann, (1995, S. 57)

2.4.3 Deckungsbeitragsorientierter Ansatz

Der deckungsbeitragsorientierte Ansatz beruht im Wesentlichen auf Männel (vgl. dazu Männel, 1996, S. 74-78).

2.4.3.1 Rechengrößen

Da Männel ein entschiedener Kritiker des wertmäßigen Kostenbegriffs ist (vgl. Männel, z.B. 1993, S. 74-75), kann man die in diesem Ansatz verwendeten Kosten im Sinne des entscheidungsorientierten Kostenbegriffs interpretieren. Insofern ergibt sich bei den Rechengrößen materiell kein Unterschied zu den Auszahlungen im investitionsorientierten Konzept.

2.4.3.2 Konzept

Auch das deckungsbeitragsorientierte Konzept verzichtet auf die Periodisierung, indem es alle über den Lebenszyklus des Produkts anfallenden Kosten und Erlöse einander gegenüberstellt. Im Unterschied zum investitionsorientierten Ansatz wird jedoch – wie generell in der Kostenrechnung – auf eine Diskontierung verzichtet, d.h. der Zeitwert des Geldes bleibt unberücksichtigt. Die Grundstruktur des Konzepts verdeutlicht die folgende Abbildung (vgl. dazu Männel, 1996, S. 75-76, Zehbold, 1996, S. 49-51):

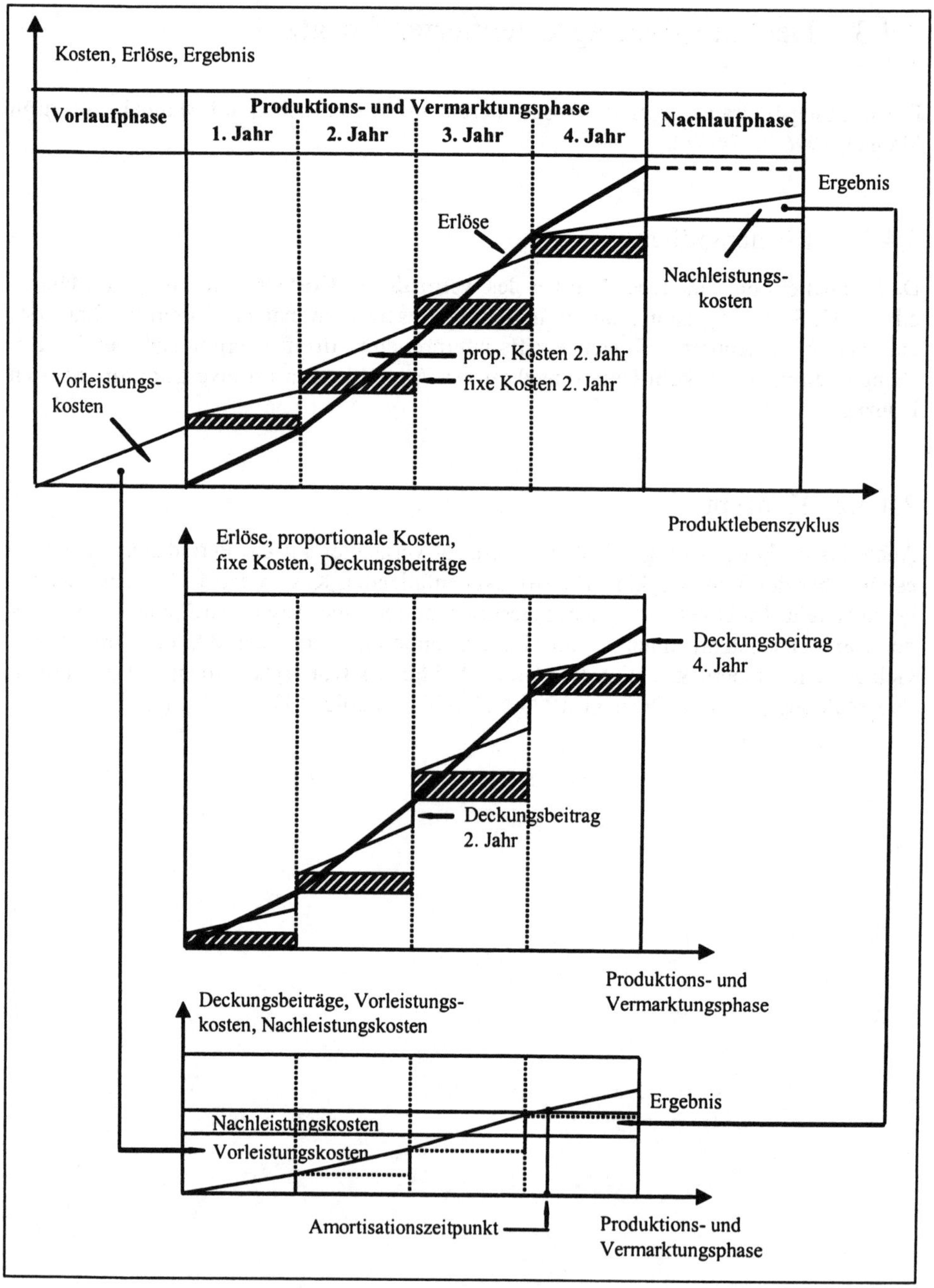

Abb. 25: Produktlebenszyklusbezogene Deckungsbeitragsrechnung als Fortführung periodischer Deckungsbeitragsrechnungen

Erläuterungen:

- Obere Graphik

  In der oberen Graphik werden die Kosten und Erlöse so ausgewiesen, wie sie im Zeitablauf des Produktlebenszyklusses anfallen. Dabei wird von Folgendem ausgegangen:

  - Sowohl in der Vorlauf-, als auch in der Nachlaufphase fallen nur Kosten, aber keine Erlöse an.
  - In der Produktions- und Vermarktungsphase entstehen im Zusammenhang mit dem Produkt sowohl fixe als auch variable Kosten. Zu den fixen Kosten gehören z.B. ein Teil der Hilfslöhne oder kalkulatorische Zinsen. Die fixen Kosten werden vereinfachend als periodische Gesamtkostenblöcke ausgewiesen. Die variablen Kosten werden vereinfachend als mengenproportional angesehen. Zu den variablen Kosten gehören z.B. die Materialeinzelkosten des Produkts.
  - Den kumulierten Kosten der Vorlauf-, Produktions- und Vermarktungsphase sowie der Nachlaufphase stehen die kumulierten Erlöse aus dem Verkauf des Produkts gegenüber. Sie fallen entsprechend allein in der Produktions- und Vermarktungsphase an und werden vereinfachend als mengenproportional angesehen.

  Die in der oberen Graphik aufgebaute Produktlebenszyklusrechnung weist jedoch zwei Nachteile auf:

  1. Sie informiert nicht direkt über die Deckungsbeiträge, die von dem Produkt in den einzelnen Jahren der Produktions- und Vermarktungsphase erwirtschaftet werden. Dabei wird der Deckungsbeitrag eines Jahres wie folgt definiert:

	(Preis (€/Stück) - variable Kosten (€/Stück))
x	Absatzmenge im Jahr (Stück/Jahr)
-	jahresbezogener Fixkostenblock (€/Jahr)
=	Deckungsbeitrag des Produkts /Jahr (€/Jahr)

  2. Sie lässt den Amortisationszeitpunkt der Vor- und Nachleistungskosten nicht erkennen.

Daher schließen sich an die obere Graphik zwei weitere Graphiken an.

- Mittlere Graphik

  Die mittlere Graphik zeigt die Deckungsbeiträge des Produkts je Jahr der Produktions- und Vermarktungsphase, indem sie in jedem Jahr die erzielten Erlöse den jahresspezifischen Fixkosten zuzüglich den variablen Kosten des Produkts je Jahr gegenüberstellt. Die mittlere Graphik stellt also eine periodische, produktbezogene Deckungsbeitragsrechnung dar.

- Untere Graphik

  Die untere Graphik addiert zunächst die Vor- und Nachleistungskosten aus der oberen Graphik und weist diese Kostensumme als „Deckungslast" für die Jahre der Produktions- und Vermarktungsphase aus. Die Deckungslast einer Periode – hier der Produktions- und Vermarktungsphase – umfasst den Anteil von Kosten, der der Periode zwar nicht spezifisch zurechenbar ist, aber gleichwohl durch die Deckungsbeiträge der Periode abgedeckt werden soll (vgl. dazu z.B. Riebel, 1990, S. 707). Die Abdeckung der Deckungslast wird durch die Gegenüberstellung mit den kumulierten Deckungsbeiträgen aus der mittleren Graphik verfolgt. Für das Beispiel wird deutlich, dass sich die Vor- und Nachleistungskosten des Produkts erst in der ersten Hälfte des vierten Jahres der Produktions- und Vermarktungsphase amortisieren. Dass heißt, dass das Produkt ab diesem Zeitpunkt einen Reingewinn erzielt.

- Totalgewinn (Ergebnis)

  Der Totalgewinn des Produkts ist in der oberen und unteren Graphik gleich hoch. Allerdings wird er in der oberen Graphik ermittelt, indem die totalen Erlöse den totalen Kosten gegenübergestellt werden. Dagegen ergibt er sich in der unteren Graphik, indem die Deckungsbeiträge der Produktions- und Vermarktungsphase den kumulierten Vor- und Nachleistungskosten gegenübergestellt werden.

- Anwendungsnutzen

  Auch die Vertreter des deckungsbeitragsorientierten Ansatzes sehen die besondere Bedeutung ihrer Lebenszyklusrechnung nicht darin, den Erfolg eines Produkts über den gesamten Produktlebenszyklus zu ermitteln. „Das letztendlich auflaufende Produktlebenszyklusergebnis ist zwar keineswegs eine unwichtige Information, als Istergebnis hat es jedoch vor allem bei relativ langen Produktlebenszyklen keinen besonders hohen Wert." (Männel, 1996, S. 75). Besondere Bedeutung wird der Produktlebenszyklusrechnung dagegen in den frühen Phasen des Produktlebenszyklusses zugeschrieben, weil in diesem Stadium eine noch weitreichende Möglichkeit zur Einflussnahme auf die Erfolgsvariablen besteht. Strategische Entscheidungen, die in den frühen Phasen des Produktlebenszyklus getroffen werden müssen, profitieren von der rechnerischen Antizipation der gesamten Erfolgsauswirkungen im Produktlebenszyklus (vgl. z.B. Zehbold, 1996, S. 51). Zu diesen Entscheidungen gehören z.B. die

  - grundsätzliche Frage nach der Aufnahme eines Produkts in das Produktprogramm,
  - langfristige Preispolitik.

2.4.4 Kritische Würdigung

Als wesentliche Vorteile des Product Lifecycle Costing sind insbesondere zu nennen:

- Das Product Lifecycle Costing führt zu einer periodenübergreifenden und damit wirklichkeitsnahen Abbildung der Ein- und Auszahlungen bzw. der Erlöse und Kosten. Damit werden Ergebnisverfälschungen vermieden, wie sie in der traditionellen Kostenrechnung durch folgendes Vorgehen entstehen: Verrechnung der Vor- und Nachleistungskosten zu Lasten der Perioden, in denen sie anfallen. Diese Verrechnunsmodalität hat zur Folge, dass die Vor- und Nachleistungskosten als Gemeinkostenbestandteile die Produkte belasten, die diese Kosten gar nicht ausgelöst haben.
- Das Product Lifecycle Costing unterstützt strategischer Entscheidungen in den frühen Phasen des Produktlebenszyklusses. Dadurch wird eine Verbesserung des Produkterfolgs über den gesamten Lebenszyklus möglich. Die traditionelle Kostenrechnung eröffnet diese Möglichkeit nicht, weil sie periodenbezogen und statisch ausgelegt ist.
- Das investitionstheoretische Konzept ist dem deckungsbeitragsorientierten Ansatz insofern überlegen, als es den Zeitwert des Geldes durch Diskontierung berücksichtigt und die Kluft zwischen Kostenrechnung und Investitionsrechnung schließen hilft.
- Der deckungsbeitragsorientierte Ansatz ist dem investitionsorientierten Ansatz insofern überlegen, als er die üblicherweise von der Kostenrechnung erwarteten Informationen – z. B. über periodenbezogene Deckungsbeiträge – liefern kann.

Der Hauptnachteil des Product Lifecycle Costing besteht darin, dass die zur Unterstützung strategischer Entscheidungen in den frühen Phasen des Produktlebenszyklus notwendige Antizipation der gesamten Erfolgsauswirkungen eines Produkts über dessen Lebenszyklus mit verschiedenen Unsicherheiten belastet ist:

- So greift man bei der Planung der Ein- und Auszahlungen bzw. der Erlöse und Kosten in der Produktions- und Vermarktungsphase häufig auf den in der Marketing-Literatur gebräuchlichen Produktlebenszyklus (vgl. dazu z.B. Wöhe, 1996, S. 645-646) zurück. Nach diesem Produktlebenszyklus teilt sich die Produktions- und Vermarktungsphase ihrerseits in fünf weitere Phasen auf

  - die Phase der Einführung des Produkts,
  - die Wachstumsphase,
  - die Reifezeit,
  - die Sättigung,
  - die Degeneration bis zum Tod des Produkts.

  Nach diesem Konzept wirkt jede Phase anders auf die Ein- und Auszahlungen bzw. Erlöse und Kosten des Produkts. So laufen z.B. in der Einführungsphase die Einzahlung bzw. Erlöse des Produkts nur langsam an, während die Auszahlungen bzw. Kosten für Vertrieb besonders hoch sind. Dagegen steigen die Einzahlungen bzw. Erlöse in der Wachstumsphase sprunghaft an. In der Reifephase steigen die Auszahlungen bzw. Kosten für Verpackungspolitik und Verkaufsförderung, dagegen können die

Auszahlungen bzw. Kosten für die Herstellung durch Lernkurveneffekte deutlich sinken. Das Problem besteht nun darin, dass sich die dem Produkt-Lebenszyklus zu Grunde liegende Vorstellung vom Werden und Vergehen nicht generell halten lässt (vgl. dazu schon Dhalla/Yuspeh, 1976). Ein Produkt ist kein Mensch oder Tier, das zwangsläufig die Phasen Geburt – Wachstum – Reife – Alter – Tod durchläuft. Es gibt eine Fülle von Beispielen, die andere Verläufe dokumentieren.

- So gab es in Deutschland beim elektronischen Haustier „Tamagochi" praktisch keine Einführungsphase – das Produkt ging sofort in die Wachstumsphase. Ebenso abrupt war es anschließend wieder vom Markt verschwunden.
- Der Motorroller „Vespa" schien schon gestorben, als er dank Modernisierungsmaßnahmen eine Reinkarnation erlebte.
- Andere Produkte scheinen eine nicht enden wollende Reifephase zu durchleben. Gute Beispiel dafür sind schottischer Whiskey oder bestimmte französische Parfums.

Das hat zur Folge, dass die in der Planung typischerweise unterstellten Verläufe von Ein- und Auszahlungen bzw. Erlöse und Kosten nicht eintreten müssen.

- Sieht man von dem Problem ab, dass Ein- und Auszahlungen bzw. Erlöse und Kosten in der Produktions- und Vermarktungsphase nicht typisch verlaufen müssen, besteht ein weiteres – allerdings nicht systemimmanentes – Planungsproblem. Es ergibt sich daraus, dass grundsätzlich Unsicherheit über die Höhe der Ein- und Auszahlungen bzw. Erlöse und Kosten im Verlauf des Lebenszyklus besteht. Dies gilt umso mehr, je länger der Lebenszyklus ist (vgl. dazu Pfohl/Wübbenhorst 1983, S. 150).

Im Hinblick auf die Realisierung des Product Lifecycle Costing sind auch folgende Aspekte zu beachten:

- Die Konzeption des Product Lifecycle Costing ist nur mit einer adäquaten EDV-technischen Unterstützung zu realisieren. Die Prognose, Simulation und Planung von Produktlebenszyklusergebnissen erfordert den Einsatz eines leistungsstarken Management-Informations-Systems (MIS). Eine einheitliche Datenbasis (Data Warehouse, vgl. dazu Hannig, 1996, S. 1-3), die allerdings über mehrere Jahre zusammengeführt werden muss, ist eine vielversprechende Grundlage für den Aufbau eines EDV-gestützten, lebenszyklusbezogenen Produkt-Controlling.
- Da das Product Lifecycle Costing den Großteil seiner Informationen aus den technischen Bereichen eines Unternehmens bezieht, ist eine intensive Zusammenarbeit zwischen Betriebswirtschaftslehre und Ingenieurwissenschaften erforderlich, um Schnittstellenprobleme möglichst frühzeitig zu unterbinden. Wie im Target Costing, ist also auch beim Product Lifecycle Costing der Einsatz interdisziplinär besetzter Teams erforderlich.

2.4.5 Integration von Target Costing, Product Lifecycle Costing und Prozesskostenrechnung

Ein wesentliches Charakteristikum der Zielkosten ist, dass sie auf die gesamte Lebensphase eines Produkts bezogen sind, d.h. alle Kosten des Produkts von den Entwicklungskosten bis hin zu den Entsorgungskosten vorgeben. Vor diesem Hintergrund erscheint es sinnvoll,

- die Einhaltung der Zielkosten über die Lebensphasen des Produkts zu verfolgen,
- die Entwicklung des Produkterfolgs über die Lebensphase zu verfolgen,

um bei problematischen Entwicklungen möglichst frühzeitig Anpassungsmaßnahmen ergreifen zu können.

Datenlieferant zur Kontrolle der Zielkosten sowie des Produkterfolgs muss eine mehrperiodig angelegte Rechnung sein. Daher bietet es sich an, das Product Lifecycle Costing zur Unterstützung des Target Costing heranzuziehen. Berücksichtigt man außerdem, dass die Drifting Costs des Produkts immer häufiger mit Hilfe der Prozesskostenrechnung ermittelt werden, bietet sich darüber hinaus eine prozessorientierte Ausgestaltung des Product Lifecycle Costing an. Wie eine solche Integration von Target Costing, Product Lifecycle Costing und Prozesskostenrechnung aussehen kann, beschreibt die Fallstudie V.

Fallstudie V: Kombination von Target Costing, Product Lifecycle Costing und Prozesskostenrechnung

(Die Daten für das Target Costing sind angelehnt an Coenenberg/Fischer/Schmitz, 1994, S. 2-14).

Einem Unternehmen der Medizintechnik liegt ein Auftrag für eine Spezialanfertigung eines Geräts zur medizinischen Diagnostik vor. Das Gerät erfüllt folgende Funktionen und weist folgende Produktkomponenten auf:

Funktionen	**Produktkomponenten**
F_1: Raumbedarf	K_1: Magnet
F_2: Patientendurchsatz	K_2: Electronic Cabinet
F_3: Bildqualität	K_3: Patientenliege
F_4: Montagezeit	K_4: Systemkomponenten
F_5: 3 D – Akquisition	K_5: Gradientenspule
F_6: Zuverlässigkeit	K_6: Hochfrequenz-Kabine
F_7: Bedienbarkeit	K_7: Montage/Installation (beim Kunden)

Ein Gerät mit diesen Funktionen und Produktkomponenten darf aus Sicht des Kunden nicht mehr als 400 000 € kosten. Im Rahmen seines Kostenmanagement betreibt das Unternehmen Target Costing und ein prozessorientiertes Product Lifecycle Costing, um über die Auftragsannahme entscheiden zu können. Erfahrungsgemäß treten im Unternehmen Zielkostenüberschreitungen häufiger bei den Herstellkosten auf. Folglich ermittelt das Unternehmen – vergleichbar mit dem Vorgehen der Papierfabrik Montclair (vgl. S. 109) – nicht nur die Zielkosten des Geräts insgesamt, sondern auch die Ziel-Herstellkosten.

Bei einer geplanten Umsatzredite von 5% ergeben sich als Zielkosten des Geräts:

	Zielpreis	400 000 €
./.	angestrebter Gewinn (bei 5% Umsatzrendite)	20 000 €
=	**Zielkosten**	**380 000 €**

Von den Zielkosten werden alle Kosten abgezogen, die der Herstellung nicht zurechenbar sind. Das Residuum sind die Ziel-Herstellkosten:

=	**Zielkosten**	**380 000 €**
./.	Entwicklungskosten	50 000 €
./.	Marketing/Vertrieb	4 000 €
./.	Verwaltung	16 000 €
./.	Wartung/Reparatur	10 000 €
=	**Ziel-Herstellkosten**	**300 000 €**

Die Ziel-Herstellkosten werden mit den erwarteten Herstellkosten des Geräts verglichen. Sie werden auf der Basis von Erfahrungswerten unter Zuhilfenahme der Prozesskostenrechnung kalkuliert. Im Einzelnen ergeben sich folgende Kosten:

Herstellkosten	**Spezialanfertigung**
Materialeinzelkosten	160 000 €
+ Fertigungseinzelkosten einschließlich der Montage beim Kunden	90 000 €
+ Sondereinzelkosten der Fertigung	4 000 €
+ anteilige Gemeinkosten der direkten Bereiche	30 000 €
+ Prozesskosten der indirekten Bereiche	
■ Beschaffung	8 000 €
■ Lager/Logistik	10 000 €
■ Fertigungs-/Montageauftragssteuerung	12 000 €
= **erwartete Herstellkosten**	**314 000 €**

Der Kostensenkungsbedarf beträgt demnach

	Ziel-Herstellkosten	300 000 €
./.	erwartete Herstellkosten	314 000 €
=	Kostensenkungsbedarf	14 000 €

wenn man davon ausgeht, dass die der Herstellung nicht zurechenbaren Kosten eingehalten werden.

Weiterhin geht das Unternehmen in seiner Planung von folgenden Daten aus:

- Die Entwicklungs- und Konstruktionszeit wird mit einem Jahr veranschlagt. Es wird erwartet, dass in der Entwicklungs- bzw. Konstruktionszeit Kostensenkungsmaßnahmen erarbeitet werden können, die die Herstellkosten um 14 000 € senken. Das Unternehmen geht also davon aus, dass die Zielkosten eingehalten werden können.
- Das Gerät wird im zweiten Jahr seines Lebenszyklusses produziert und abgesetzt.
- Der Nachsorgezyklus wird mit 5 Jahren veranschlagt, in denen Wartung und Reparaturen anfallen. Beim Nachsorgezyklus handelt es sich um einen Garantiezyklus, d.h. in diesem Zeitraum kann nicht mit Erlösen gerechnet werden. Es wird davon ausgegangen, dass sich die Wartungs- und Reparaturkosten gleichmäßig auf den Nachsorgezyklus verteilen.
- Die dem Produkt zugeordneten Verwaltungskosten betragen pro Jahr 2 000 €, mit Ausnahme des Produktions- und Absatzjahres. In diesem Jahr werden sie mit 4 000 € veranschlagt, weil durch die Spezialanfertigung dieser Zeitraum verwaltungsintensiver als die anderen Jahre ist.

Auf der Grundlage der vorgenannten Planungsdaten kann die Lebenszyklusrechnung in t_0 z.B. wie folgt aussehen:

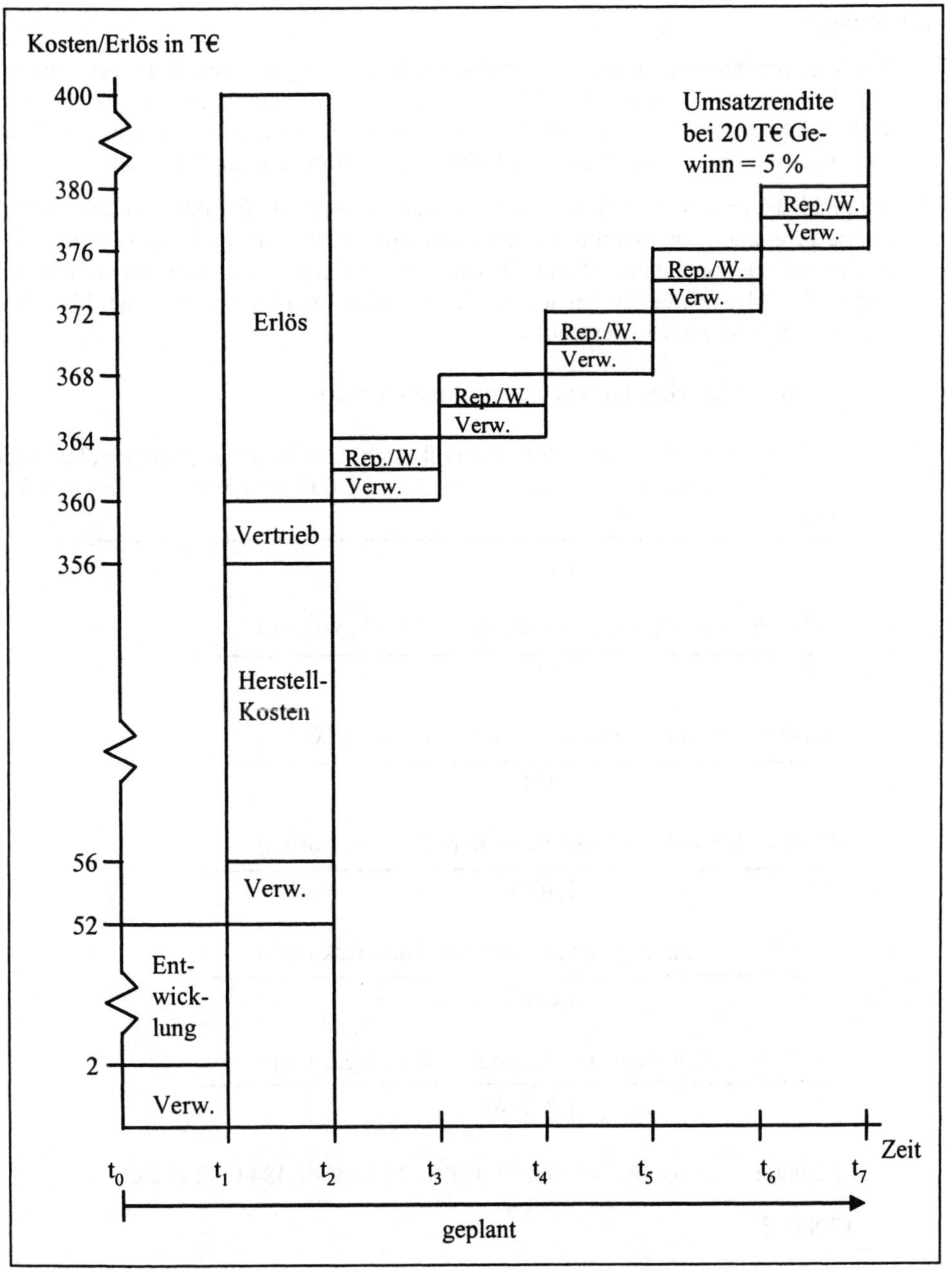

Abb. 26: Lebenszyklusrechnung in t_0

Erläuterungen:

- Aus kostenrechnerischer Sicht ist das Spezialgerät in t_0 als vorteilhaft einzustufen, weil der Gesamterlös mit 400 000 € über den als realisierbar angesehenen Zielkosten in Höhe von 380 000 € liegt. Es wird also ein Gewinn von 20 000 € erwartet und damit die angestrebte Umsatzrendite in Höhe von 5% voraussichtlich erreicht..
- Geht man davon aus, dass Geldanlagen am Kapitalmarkt zu 10% möglich sind, ist das Spezialgerät auch aus investitionsorientierter Sicht vorteilhaft zu beurteilen. Bei Abzinsung der Zahlungen mit 10% ergibt sich nämlich ein positiver Kapitalwert, d.h. die angestrebte Mindestrendite des investierten Kapitals in Höhe von 10% wird bei diesem Auftrag sogar noch überschritten.

$$
\begin{aligned}
& - 52\,000\ \text{€ (Entwicklungs- und Verwaltungskosten)} \\
& + \frac{(400\,000\ \text{€ Erlös} - 300\,000\ \text{€ Herstellkosten nach Kostensenkungsmaßnahmen in der Entwicklungs- und Konstruktionszeit} - 4\,000\ \text{€ Vertriebskosten} - 4\,000\ \text{€ Verwaltungskosten})}{1{,}1} \\
& - \frac{(4\,000\ \text{€ Verwaltungs- und Reparatur-/Wartungskosten})}{1{,}21} \\
& - \frac{(4\,000\ \text{€ Verwaltungs- und Reparatur-/Wartungskosten})}{1{,}331} \\
& - \frac{(4\,000\ \text{€ Verwaltungs- und Reparatur-/Wartungskosten})}{1{,}4641} \\
& - \frac{(4\,000\ \text{€ Verwaltungs- und Reparatur-/Wartungskosten})}{1{,}61051} \\
& - \frac{(4\,000\ \text{€ Verwaltungs- und Reparatur-/Wartungskosten})}{1{,}771561}
\end{aligned}
$$

= - 52 000 € + 83 636 € - 3 306 € - 3 005 € - 2 732 € - 2 484 € - 2 258 € =

17 851 €

Dabei ist zu beachten, dass Kapitalwert und Umsatzrendite nicht unabhängig voneinander sind. Bei steigender Umsatzrendite steigt auch der Kapitalwert bzw. bei sinkender Umsatzrendite sinkt der Kapitalwert. Im Beispiel entspricht der geplanten Umsatzrendite in Höhe von 5% der Kapitalwert in Höhe von 17 851 €. Niedrigere Kapitalwerte sind daher nicht uneingeschränkt positiv zu beurteilen, weil bei ihnen die geplante Umsatzrendite verfehlt wird.

Vor dem Hintergrund beider Rechnungen nimmt das Unternehmen den Auftrag zur Herstellung des Spezialgeräts an.

In t_1 wird vermutet, dass durch die Entscheidung der Entwicklungsingenieure zur Änderung von Fertigungsverfahren die anteiligen Gemeinkosten der direkten Bereiche und damit die Herstellkosten des Geräts um die erforderlichen 14 000 € gesenkt werden können. Außerdem wird in t_1 festgestellt, dass die Entwicklungskosten um 10% überschritten wurden, d.h. die Ist-Entwicklungskosten betrugen 55 000 €. Sofern diese Kostenüberschreitung in den nachfolgenden Lebenszyklusphasen nicht kompensiert werden kann, werden die Zielkosten bei Realisierung aller sonstigen Plandaten um 5 000 € überschritten. Um Ansatzpunkte für Kostensenkungsmaßnahmen zu gewinnen, führt das Unternehmen eine weitere, vertiefte Analyse der erwarteten Herstellkosten durch. Die Analyse führt zu folgenden Ergebnissen:

- Ursprünglich war vorgesehen, das Gerät in Einzelteilen beim Kunden anzuliefern und dort komplett zu montieren.
- Untersuchungen der Arbeitsvorbereitung haben ergeben, dass durch die Vormontage von Komponenten sowohl die Zahl der Ein- und Auslagerungen reduziert, als auch die Montagezeit insgesamt – d.h. im Werk und beim Kunden – verkürzt werden kann. Allerdings steigen durch die Vormontage die Prozesskosten für die Fertigungs- bzw. Montageauftragssteuerung. Im Einzelnen ergeben sich folgende Kostenauswirkungen bei der Vormontage von Produktkomponenten:

Kostenart	in t_1 erwartete Herstellkosten	erwartete Kostenänderung durch Vormontage	Kosten nach Kostensenkungsmaßnahmen
Materialeinzelkosten	160 000 €		160 000 €
+ Fertigungseinzelkosten einschließlich Montage beim Kunden	90 000 €	- 7 000 €	83 000 €
+ Sondereinzelkosten der Fertigung	4 000 €		4 000 €
+ anteilige Gemeinkosten der direkten Bereiche	16 000 €		16 000 €
+ Prozesskosten			
■ Beschaffung	8 000 €		8 000 €
■ Lager/Logistik	10 000 €	- 500 €	9 500 €
■ Fertigungs-/Montageauftragssteuerung	12 000 €	+ 1 500 €	13 500 €
= Summe	300 000 €	- 6 000 €	294 000 €

■ Die vorgesehenen Kostensenkungsmaßnahmen führen im Plan zu einer Kostenreduktion in Höhe von 6 000 €. Mit anderen Worten betragen also die geplanten Herstellkosten nun statt 300 000 € nur noch 294 000 €. Vor dem Hintergrund der neuen Informationen steigt damit die Umsatzrendite von 5% auf 5,25%.

Erläuterung:

Erlös	400 000 €
- Ist-Entwicklungskosten	55 000 €
- sonstige, der Herstellung nicht zurechenbare Kosten	30 000 €
- erwartete Herstellkosten	294 000 €
= **Gewinn**	**21 000 €**

$$\text{Umsatzrendite} = \frac{21\,000\ €}{400\,000\ €} = 5{,}25\%$$

■ Der Kapitalwert steigt von 17 851 € auf:

$$- \textbf{57 000 €} \text{ (Ist-Entwicklungs- und Verwaltungskosten)}$$

$$+ \frac{(400\,000\ € \text{ Erlös} - \textbf{294 000 €} \text{ Herstellkosten nach Kostensenkungsmaßnahmen in } t_1 - 4\,000\ € \text{ Vertriebskosten} - 4\,000\ € \text{ Verwaltungskosten})}{1{,}1}$$

$$- \frac{(4\,000\ € \text{ Verwaltungs- und Reparatur-/Wartungskosten})}{1{,}21}$$

$$- \frac{(4\,000\ € \text{ Verwaltungs- und Reparatur-/Wartungskosten})}{1{,}331}$$

$$- \frac{(4\,000\ € \text{ Verwaltungs- und Reparatur-/Wartungskosten})}{1{,}4641}$$

$$- \frac{(4\,000\ € \text{ Verwaltungs- und Reparatur-/Wartungskosten})}{1{,}61051}$$

$$- \frac{(4\,000\ € \text{ Verwaltungs- und Reparatur-/Wartungskosten})}{1{,}771561}$$

= **- 57 000 € + 89 091 €** - 3 306 € - 3 005 € - 2 732 € - 2 484 €- 2 258 € =

18 306 €

Der Anstieg des Kapitalwerts ist dadurch zu erklären, dass der um 5 000 € erhöhten Auszahlung in der Entwicklungs- und Konstruktionszeit eine um 6 000 € verminderte Auszahlung in der Vermarktungsphase gegenübersteht:

Probe:

Kapitalwert in t_1:	18 306 €	Mehrauszahlungen in der Konstruktionsphase	- 5000 €
Kapitalwert in t_0:	17 851 €	Minderauszahlung in der Vermarktungsphase	$\frac{+\ 6\,000\ €}{1{,}1}$
Differenz	+ **455 €**	**Differenz**	+ **455 €**

■ Graphisch kann die Lebenszyklusrechnung in t_1 wie folgt dargestellt werden:

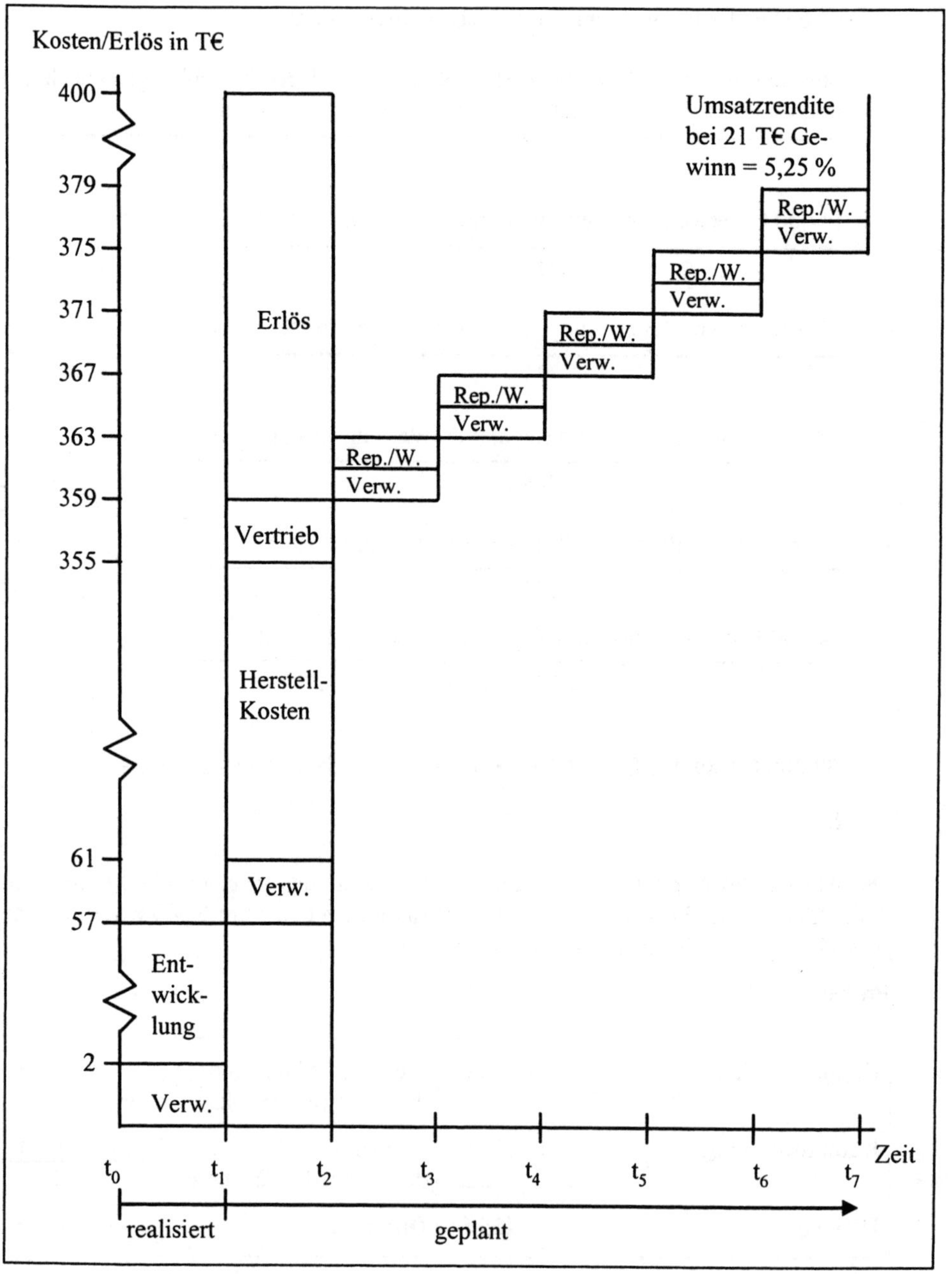

Abb. 27: Lebenszyklusrechnung in t_1

In t_2 wird festgestellt, dass

- die geplanten Vertriebs- und Verwaltungskosten eingehalten werden konnten,
- es unvorgesehene Preiserhöhungen beim Materialeinsatz in Höhe von 2% gegeben hat, d.h. die Ist-Materialeinzelkosten betragen 163 200 €,
- die in t_1 mit 83 000 € geplanten Fertigungseinzelkosten (= 90 000 € in t_0 geplant ./. 7 000 € Einsparungen aus Kostensenkungen in t_1) realisiert werden konnten,
- die in t_1 mit 4 000 € geplanten Sondereinzelkosten der Fertigung um 2 000 € unterschritten werden konnten,
- die durch die Änderung der Fertigungsverfahren erwarteten Kostensenkungen in den direkten Bereichen doch nicht realisiert werden konnten,
- das Spezialgerät mehr Prozesse in den indirekten Bereichen als geplant in Anspruch genommen hat, so dass den in t_1 mit 31 000 € geplanten Prozesskosten (= 30 000 € in t_0 geplant + 1 000 € Kostenerhöhung in t_1) in t_2 Ist-Prozesskosten in Höhe von 34 000 € gegenüberstehen.

Die Herstellkosten im Ist ergeben sich somit aus:

Materialeinzelkosten	163 200 €
+ Fertigungseinzelkosten	83 000 €
+ Sondereinzelkosten der Fertigung	2 000 €
+ anteilige Gemeinkosten der direkten Bereiche	30 000 €
+ Prozesskosten der indirekten Bereiche	34 000 €
= **Ist-Herstellkosten**	**312 200 €**

Untersuchungen ergeben, dass bei den im Nachsorgezyklus anfallenden Reparatur- und Wartungskosten sowie den Verwaltungskosten voraussichtlich keine Kostensenkungspotenziale mehr bestehen.

Unter Berücksichtigung dieser Daten sieht die Lebenszyklusrechnung in t_2 wie folgt aus:

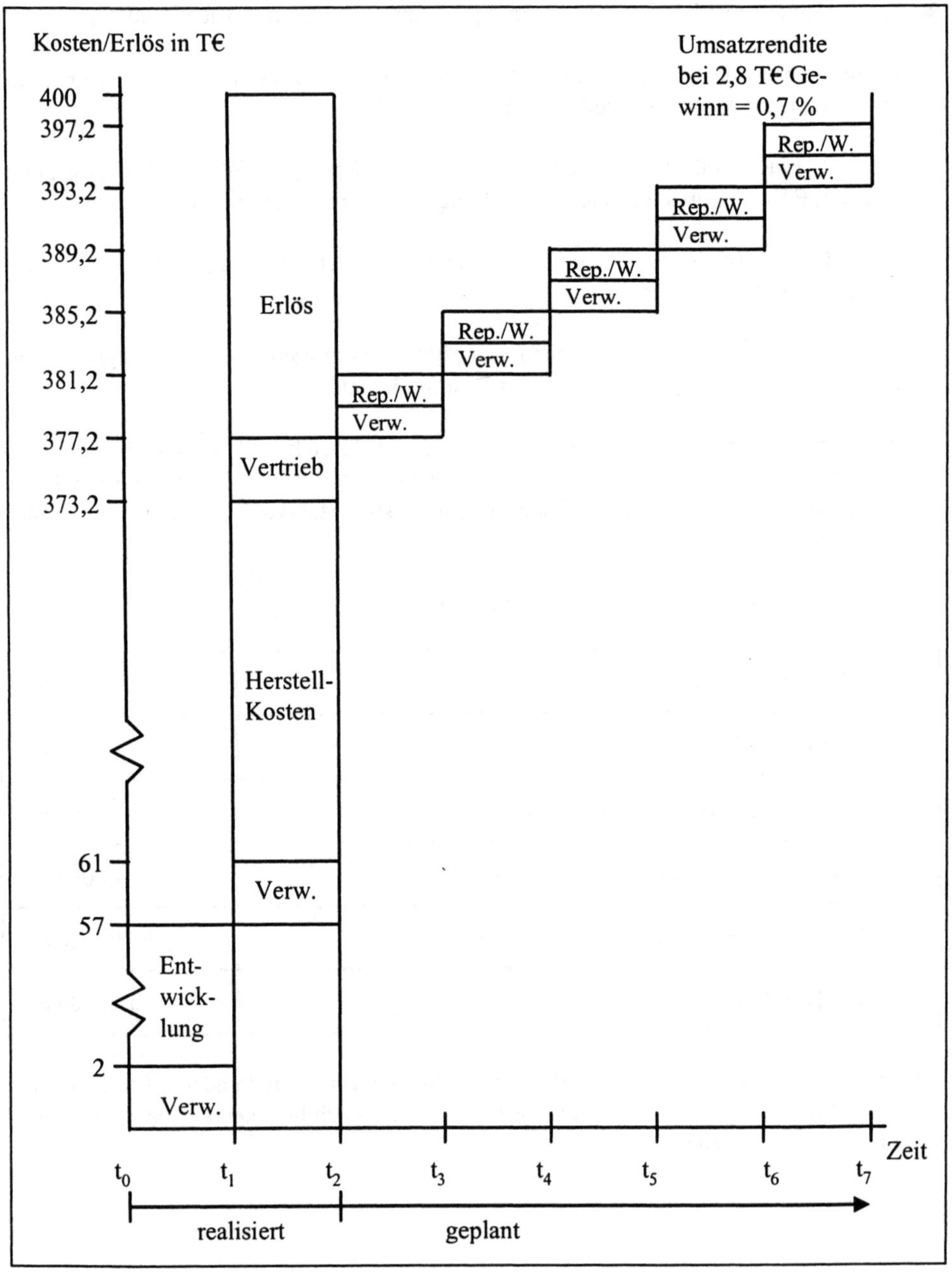

Abb. 28: Lebenszyklusrechnung in t_2

Erläuterungen:

- Aus kostenrechnerischer Sicht ist das Spezialgerät gerade noch erfolgsversprechend, weil sein Gesamterlös noch über den schon realisierten bzw. noch geplanten Gesamtkosten liegt.

Gesamterlös	400 000 €
- Istkosten	
■ Entwicklung	55 000 €
■ Verwaltung	6 000 €
■ Vertrieb	4 000 €
■ Herstellkosten	312 200 €
- Plankosten	
■ Verwaltung	10 000 €
■ Reparatur/Wartung	10 000 €
= **Gewinn**	**2 800 €**

Mit 2 800 € Gewinn wird jedoch statt der angestrebten Umsatzrendite von 5% nur eine Umsatzrendite in Höhe von 0,7% erreicht.

- Auch aus investitionsorientierter Sicht zeigt sich, dass das Spezialgerät nicht mehr uneingeschränkt positiv zu beurteilen ist. Es hat zwar noch einen positiven Kapitalwert, er liegt aber deutlich unter dem Zielkapitalwert von 17 851 €.

$$- 57\,000\text{ € (Ist-Entwicklungs- und Verwaltungskosten)}$$

$$+ \frac{(400\,000\text{ € Ist-Erlös} - \mathbf{312\,200\text{ €}}\text{ Ist-Herstellkosten} - 4\,000\text{ € Ist-Vertriebskosten} - 4\,000\text{ € Ist-Verwaltungskosten})}{1{,}1}$$

$$- \frac{(4\,000\text{ € Verwaltungs- und Reparatur-/Wartungskosten})}{1{,}21}$$

$$- \frac{(4\,000\text{ € Verwaltungs- und Reparatur-/Wartungskosten})}{1{,}331}$$

$$- \frac{(4\,000\text{ € Verwaltungs- und Reparatur-/Wartungskosten})}{1{,}4641}$$

$$- \frac{(4\,000\text{ € Verwaltungs- und Reparatur-/Wartungskosten})}{1{,}61051}$$

$$- \frac{(4\,000\text{ € Verwaltungs- und Reparatur-/Wartungskosten})}{1{,}771561}$$

= - 57 000 € + **72 545 €** - 3 306 € - 3 005 € - 2 732 € - 2 484 € - 2 258 € =

1 760 €

Am Ende von t_7 wird schließlich festgestellt, dass im letzten Jahr des Nachsorgezyklusses eine größere Reparatur als geplant anfiel. Die Wartungs- bzw. Reparaturkosten des letzten Jahres beliefen sich daher nicht auf 2 000 €, sondern auf insgesamt 6 000 €.

Die Lebenszyklusrechnung am Ende des Lebenszyklusses des Spezialgeräts (t_7) sieht dann wie folgt aus:

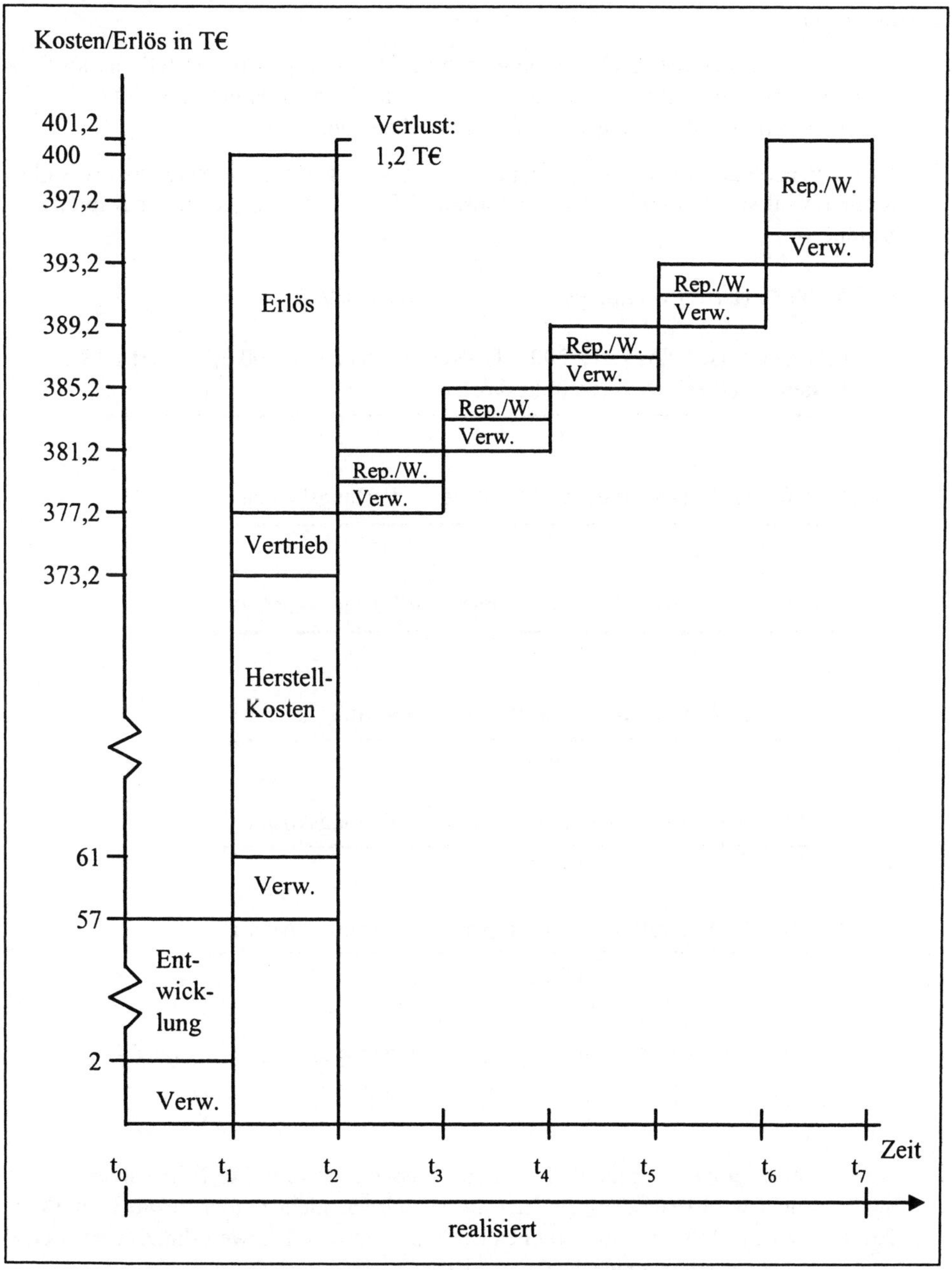

Abb. 29: Lebenszyklusrechnung in t_7

Erläuterungen:

- Aus kostenrechnerischer Sicht ist die Annahme des Auftrags zur Herstellung des Spezialgeräts eine Fehlentscheidung gewesen, weil der Erlös in Höhe von 400 000 € die Gesamtkosten in Höhe von 401 200 € nicht decken kann.
- Auch aus investitionsorientierter Sicht ist das Spezialgerät nicht mehr positiv zu beurteilen, weil sich bei einem Kalkulationszinsfuß von 10% ein negativer Kapitalwert in Höhe von

$$- 57\,000\text{ € (Ist-Entwicklungs- und Verwaltungskosten)}$$

$$+ \frac{(400\,000\text{ € Ist-Erlös} - 312\,200\text{ € Ist-Herstellkosten} - 4\,000\text{ € Ist-Vertriebskosten} - 4\,000\text{ € Ist-Verwaltungskosten})}{1{,}1}$$

$$- \frac{(4\,000\text{ € Ist-Verwaltungs- und Reparatur-/Wartungskosten})}{1{,}21}$$

$$- \frac{(4\,000\text{ € Ist-Verwaltungs- und Reparatur-/Wartungskosten})}{1{,}331}$$

$$- \frac{(4\,000\text{ € Ist-Verwaltungs- und Reparatur-/Wartungskosten})}{1{,}4641}$$

$$- \frac{(4\,000\text{ € Ist-Verwaltungs- und Reparatur-/Wartungskosten})}{1{,}61051}$$

$$- \frac{(\mathbf{8\,000\text{ €}}\text{ Ist-Verwaltungs- und Reparatur-/Wartungskosten})}{1{,}771561}$$

$$= - 57\,000\text{ €} + 72\,545\text{ €} - 3\,306\text{ €} - 3\,005\text{ €} - 2\,732\text{ €} - 2\,484\text{ €} - \mathbf{4\,516\text{ €}} =$$

- 498 €

ergibt. Ein negativer Kapitalwert sagt aus, dass die gewünschte Mindestverzinsung nicht erreicht wird bzw. dass die Investition sich gar nicht rentiert. (Die Ermittlung des internen Zinsfußes ist im vorliegenden Fall nicht möglich, weil die Zahlungsreihe mehr als einen Vorzeichenwechsel aufweist.)

In der Fallstudie V wurde eine Integration von Target Costing, Product Lifecycle Costing und Prozesskostenrechnung für ein physisches Produkt – ein medizinisches Diagnostikgerät – gezeigt. Daneben ist eine Integration der drei Instrumente natürlich auch für Dienstleistungen denkbar. Wie eine solche Integration aussehen kann, beschreiben Seidenschwarz/Knust (2000, S. 428-431) am Beispiel einer E-Business-Dienstleistung. Dabei handelt es ich um ein Internet-Banking-Produkt, genauer ein Internet-Brokerage-Depot. Das Beispiel wird im Folgenden leicht modifiziert wiedergegeben.

Fallstudie VI: Kombination von Target Costing, Product Lifecycle Costing und Prozesskostenrechnung am Beispiel eines Internet-Brokerage-Depots

Wenn ein Kunde mit einem Internet-Broker eine (meist langfristige) Geschäftsbeziehung eingeht, hat er via Internet Zugriff auf das Leistungsangebot des Brokers. Zu diesem Leistungsangebot gehört u.a. die Abwicklung von Kauf- und Verkaufaufträgen für Wertpapiere oder Währungen, deren Basis das Internet-Brokerage-Depot ist: Käufe werden in das Depot eingebucht und Verkäufe ausgebucht. Für seine Leistungen erhält der Broker eine Vergütung (brokerage).

Die Dienstleistung des Brokers weist wie viele Dienstleistungen im Bankenbereich eine Besonderheit auf. Sie ist nicht von vornherein abgegrenzt, weil die Leistungsinanspruchnahme des Kunden hinsichtlich Art, Umfang und zeitlichem Anfall nicht vorhersehbar ist. Daher ist eine traditionelle Produktkalkulation mit der Frage: „Was wird die E-Business-Leistung kosten?“ nicht möglich. Statt dessen stellt sich die Frage: „Was darf die E-Business-Leistung bzw. was dürfen die einzelnen Komponenten der E-Business-Leistung kosten?“. Diese Frage kann mit Hilfe des Target Costing beantwortet werden.

Eine weitere Besonderheit ist, dass bei E-Business-Produkten der variable Kostenanteil sehr gering ist. Die anfallenden Kosten sind demnach meist fixe Kosten. Ein größerer Teil dieser fixen Kosten stellt zudem einmalige Investitionskosten (-auszahlungen) dar. Dabei handelt es sich vor allem um Entwicklungskosten (z.B. Softwareerstellung), IT-Kosten (z.B. Aufbau und Betrieb einer ausreichenden IT-Infrastruktur) und Werbekosten. Da die Erlöse (Einzahlungen) aber erst in den Folgeperioden nach den Investitionen erzielt werden, ist eine mehrperiodige Betrachtung erforderlich. Eine solche Betrachtung wird im Rahmen des Product Lifecycle Costing durchgeführt.

Eine E-Business-Leistung setzt sich immer aus verschiedenen Prozessen zusammen. So gehören z.B. zum Internet-Brokarage-Depot die Prozesse „Depoteröffnung“, „Kauforder ausführen“ oder „Service-/Beratungsleistung Internet“. Insofern ist der Einsatz der Prozesskostenrechnung zur Kalkulation der Drifting Costs der Leistung fast zwangsläufig: „Der Einsatz des Target Costing ist bei E-Business-Leistungen fast ausschließlich mit Unterstützung der Prozesskostenrechnung durchführbar.“ (Seidenschwarz/Knust, 2000, S. 430).

Zusammenfassend kann man sagen, dass der Einsatz der drei vorgenannten Instrumente für das Controlling einer E-Business-Leistung wie dem Internet-Brokerage-Depot sinnvoll erscheint.

Zur Komplexitätsvermeidung wird bei der Ermittlung der Zielkosten von einem Durchschnittskunden ausgegangen. Aus vorgeschalteten Marktanalysen wurde ermittelt, dass dieser Kunde bereit ist, eine jährliche Depotgebühr in Höhe von 60 € zu entrichten und für jede Transaktion 20 € zu zahlen. Es wird angenommen, dass der Kunde 12 Transaktionen innerhalb eines Jahres nachfragt. Daraus ergeben sich folgende Erlöse (Einzahlungen) pro Kunde und Jahr:

jährliche Depotgebühr	60 €
+ jährliche Transaktionsgebühren	240 €
= **jährliche Erlöse (Einzahlungen)**	**300 €**

Als Betrachtungszeitraum werden vier Jahre zugrunde gelegt. Dieser Zeitraum orientiert sich an der (durchschnittlichen) Beeinflussbarkeit der Fixkosten. Als Umsatzrendite werden 10 % veranschlagt. Dem Ansatz des investitionsorientierten Product Lifecycle Costing folgend, werden die Erlöse (Einzahlungen) und der erwartete Gewinn auf den Zeitpunkt t_0 abgezinst. Die Differenz zwischen den diskontierten Erlösen und den diskontierten erwarteten Gewinnen stellt die abgezinsten Zielkosten des Internet-Brokerage-Depots dar:

Periode	0	1	2	3	4
Erlöse (Einzahlungen)		300,00 €	300,00 €	300,00 €	300,00 €
erwarteter Gewinn		30,00 €	30,00 €	30,00 €	30,00 €
Zielkosten		270,00 €	270,00 €	270,00 €	270,00 €
diskontierte Erlöse (Einzahlungen)	993,64 €	277,78 €	257,20 €	238,15 €	220,51 €
diskontierte Gewinne	99,36 €	27,78 €	25,72 €	23,82 €	22,05 €
diskontierte Zielkosten	**894,28 €**	250,00 €	231,48 €	214,34 €	198,46 €

Üblicherweise werden die Zielkosten zur Unterstützung der Zielkostenerreichung auf die Produktkomponenten gespalten. Da bei E-Business-Produkten die Komponenten aus Prozessen bestehen, werden im Folgenden die diskontierten Zielkosten in Höhe von 894,27 € mit Hilfe der üblichen Schritte auf die Prozesse des Internet-Brokerage-Depots gespalten.

1. Schritt: Gewichtung der Produktfunktionen:

Die Erhebung der Funktionen des Internet-Brokerage-Depots und ihre Gewichtung durch potenzielle Kunden hat zu folgendem Ergebnis geführt:

Funktionen		Gewicht
F_1	Geschwindigkeit	0,20
F_2	Erreichbarkeit	0,30
F_3	Serviceangebote/-qualität	0,20
F_4	Betreuungsqualität	0,15
F_5	Technologie	0,05
F_6	Sicherheit	0,10
Σ		1,00

Die der Funktionenerfüllung dienenden Prozesse sowie das Ausmaß ihrer Funktionserfüllung sind ausschnittweise in der folgenden Matrix zusammengefasst:

Prozesse:	F_1	F_2	F_3	F_4	F_5	F_6
Depoteröffnung	0,10	0,05	0,05	0,10	0	0,10
Aktienorder ausführen	0,10	0,20	0,05	0,05	0,05	0,10
Optionsscheinorder ausführen	0,10	0,10	0,05	0,05	0,05	0,10
Service-/Beratungsleistung Internet durchführen	0,10	0,15	0,25	0,25	0,25	0,05
Verschlüsselungstechnik anbieten	0,05	0	0	0	0,20	0,55
:						
Σ	1,00	1,00	1,00	1,00	1,00	1,00

2. Schritt: Ermittlung der Bedeutung der Prozesse

Zunächst werden die Funktionengewicht mit dem Ausmaß multipliziert, mit dem die Prozesse die Funktionen erfüllen.

Beispiel:

	F_6: Sicherheit	
Verschlüsselungs-technik anbieten	0,10 (Gewicht der Funktion) x 0,55 (Ausmaß, mit dem die Verschlüsselungstechnik die Funktion Sicherheit erfüllt) =	0,055

Nach der multiplikativen Verknüpfung der Prozesse mit den Funktionen und Summierung über die Funktionen ergibt sich die Bedeutung der Prozesse aus Kundensicht:

Prozesse:	F_1	F_2	F_3	F_4	F_5	F_6	Σ
Depoteröffnung	0,02	0,015	0,01	0,015	0	0,01	**0,07**
Aktienorder ausführen	0,02	0,06	0,01	0,0075	0,0025	0,01	**0,11**
Optionsscheinorder ausführen	0,02	0,03	0,01	0,0075	0,0025	0,01	**0,08**
Service-/Beratungsleistung Internet durchführen	0,02	0,045	0,05	0,0375	0,0125	0,005	**0,17**
Verschlüsselungstechnik anbieten	0,01	0	0	0	0,01	0,055	**0,075**
:							
Σ	0,2	0,3	0,2	0,15	0,05	0,1	**1,00**

3. Schritt: Spaltung der Zielkosten und Ermittlung periodenbezogener Zielkostenvorgaben

Durch die Multiplikation der abgezinsten Zielkosten mit der jeweiligen Bedeutung der Prozesse ergeben sich die abgezinsten Zielkostenanteile der Prozesse in t_0:

	abgezinste Zielkosten x Bedeutung	abgezinster Zielkostenanteil in t_0
Depoteröffnung	894,28 € x 0,07 =	62,60 €
Aktienorder ausführen	894,28 € x 0,11 =	98,37 €
Optionsscheinorder ausführen	894,28 € x 0,08 =	71,54 €
Service-/Beratungsleistung Internet durchführen	894,28 € x 0,17 =	152,03 €
Verschlüsselungstechnik anbieten	894,28 € x 0,075 =	67,07 €
:		
Σ		894,28 €

Mit Hilfe der ermittelten Bedeutung der Prozesse lassen sich für wiederkehrende Prozesse des Internet-Brokerage-Depots zusätzlich periodenbezogene Zielkostenvorgaben ableiten. Ein Beispiel für einen wiederkehrenden Prozess ist „Aktienordern ausführen". Die periodenbezogenen, absoluten Zielkostenvorgaben der wiederkehrenden Prozesse ergeben sich, wenn man die periodenbezogenen absoluten Zielkosten des Internet-Brokerage-Depots mit der Bedeutung des wiederkehrenden Prozesses multipliziert.

Die Summe der abgezinsten periodenbezogenen Zielvorgaben der wiederkehrenden Prozesse entspricht den in Schritt 3 ermittelten abgezinsten Zielkostenanteilen der Prozesse in t_0.

Für einmalige Prozesse ist die Ermittlung periodenbezogener Zeilkostenvorgaben nicht sinnvoll. Ein einmaliger Prozess ist z.B. die Depoteröffnung. Für diese Prozesse wird lediglich der in Schritt 3 ermittelte abgezinste Zielkostenanteil vorgegeben.

Prozesse:	Perioden					
	0	1		2	3	4
Depoteröffnung	62,60 €					
Aktienorder ausführen		absolut: 270 € x 0,11 =	29,70 €	29,70 €	29,70 €	29,70 €
	98,37 €	abgezinst:	27,50 €	25,46 €	23,58 €	21,83 €
Optionsscheinorder ausführen		absolut: 270 € x 0,08 =	21,60 €	21,60 €	21,60€	21,60 €
	71,54 €	abgezinst:	20,00 €	18,52 €	17,15 €	15,87 €
Service-/ Beratungsleistung Internet durchführen		absolut.: 270 € x 0,17 =	45,90 €	45,90 €	45,90 €	45,90 €
	152,03 €	abgezinst:	42,50 €	39,35 €	36,44 €	33,74 €
Verschlüsselungstechnik anbieten	67,07 €					
:						
Σ			270,00 €	270,00 €	270,00 €	270,00 €
	894,28 €		250,00 €	231,48 €	214,34 €	198,46 €

4. Schritt: Prozessbezogener Vergleich der Drifting Costs und Zielkostenanteile

Nun werden die mit Hilfe der Prozesskostenrechnung für die einzelnen Prozesse kalkulierten und auf t_0 bezogenen drifting costs mit den ermittelten Zielkostenanteilen der Prozesse in t_0 verglichen, um so früh wie möglich Zielkostenüberschreitungen bzw. -unterschreitungen festzustellen. Bei den im Folgenden angenommenen drifting costs ergibt sich folgendes Bild:

	Bedeutung	absoluter Zielkostenanteil in t_0	angenommene absolute drifting costs in t_0	angenommene relative drifting costs	absolute Differenz	Zielkostenindex
Depoteröffnung	0,07	62,60 €	80,00 €	0,074	- 17,4 €	1,06
Aktienorder ausführen	0,11	98,73 €	100,00 €	0,092	- 1,27 €	0,84
Optionsscheinorder ausführen	0,08	71,54 €	100,00 €	0,092	- 28,46 €	1,15
Service-/Beratungsleistung Internet durchführen	0,17	152,03 €	245,00 €	0,226	- 92,97 €	1,33
Verschlüsselungstechnik anbieten	0,075	67,07 €	45,00 €	0,042	+ 22,07 €	0,56
:						
Σ	1,00	894,28 €	1 085,00 €	1,00	- 190,72 €	1,00

Ein Zielkostenindex größer 1 besagt, dass der Prozess zu teuer ist. Das sind im Beispiel die Prozesse „Depoteröffnung", „Optionsscheinorder ausführen" und „Service-/Beratungsleistung Internet durchführen". Die größte Zielkostenüberschreitung zeigt sich beim Prozess „Service-/Beratungsleistung Internet durchführen". Zur Kosteneinsparung wäre hier eine stärker automatisierte Beratung anstatt persönlicher Beantwortung von e-mails denkbar. Dabei kann ein umfangreicher FAQ-Katalog mit einer intelligenten Suchmaschine zur schnellen Lösung von Kundenanfragen und -problemen beitragen. Ein Zielkostenindex kleiner 1 zeigt an, dass bei diesem Prozess ein Spielraum für Funktionsverbesserungen besteht. Im Beispiel sind das die Prozesse „Aktienorder ausführen" und „Verschlüsselungstechnik anbieten". Die größte Zielkostenunterschreitung ergibt sich beim Prozess „Verschlüsselungstechnik anbieten". Hier besteht demnach die Möglichkeit, durch weiter verbesserte Verschlüsselungstechniken dem Wunsch des Kunden nach Sicherheit noch mehr als bisher entgegenzukommen und damit einen Zusatznutzen beim Kunden zu erreichen.

2.5 Cost Benchmarking

2.5.1 Grundzüge des Benchmarking

■ Ursprung

Das amerikanische Unternehmen Xerox befand sich Ende der siebziger Jahre in einer schwierigen Wettbewerbsposition, weil die Qualität der Produkte den Anforderungen des Marktes nicht genügte und die Kosten zu hoch waren. So brachte z.B. der Konkurrent Canon aus Japan einen Kopierer zu einem Verkaufspreis auf den Markt, der wesentlich unter den Herstellkosten für vergleichbare Geräte bei Xerox lagen. Dadurch fielen die Marktanteile von Xerox auf dem Kopiermarkt steil ab. Mit enormen Anstrengungen hinsichtlich Qualitätsverbesserungen und Kostensenkungen hat Xerox diese Krise überwunden und konkurriert heute wieder erfolgreich auf dem Markt. Wesentliches Instrument dabei war die Einführung des Leadership Quality-Programms im Jahre 1983, das sich aus den Bausteinen

- Einbindung der Mitarbeiter,
- Benchmarking,
- Qualitätsverbesserungsprozess

zusammensetzte. Neu und von besonderer Bedeutung war vor allem das Benchmarking.

■ Definitionen

Benchmark

Unter einem Benchmark versteht man einen Vergleichsmaßstab bzw. eine Richt-/Orientierungsgröße.

Benchmarking

Unter Benchmarking versteht man einen kontinuierlichen, systematischen Prozess, in dem grundsätzlich alles Beobachtbare und Messbare mit korrespondierenden Größen anderer Unternehmen oder anderer Unternehmensbereiche verglichen wird. Ziel dieses Vergleichs ist die Offenlegung von Leistungsdifferenzen und die Gewinnung von Informationen, mit denen das eigene Unternehmen bzw. der eigene Bereich seine relative Position verbessern kann. Die Kontinuität des Benchmarking impliziert, dass nach jeder erfolgreichen Umsetzung weitere Verbesserungspotenziale gesucht werden. In diesem Sinne ist Benchmarking auch als erster Entwicklungsschritt auf dem Weg zu einer lernenden Organisation aufzufassen (zu einer lernenden Organisation vgl. z.B. Kremin-Buch/Unger/Walz, 2000). Benchmarking richtet sich nicht nur auf marktnahe Bereiche wie z.B. die Produktgestaltung, sondern auch auf die innerbetriebliche Leistungserstellung. Insofern geht Benchmarking weiter als die klassische Konkurrenten- bzw. Wettbewerbsanalyse. Benchmarking ist insbesondere in den

USA von hoher Bedeutung. So ist dort z.B. die Vorlage von Benchmarking-Untersuchungen eine Voraussetzung zur Erlangung eines Staatsauftrags (vgl. Serfling/Schultze, 1997a, S. 71). Aber auch in Deutschland fordern immer mehr Kunden (z.B. die IBM Deutschland) von ihren Zulieferern die Präsentation von Benchmarking-Studien.

Benchmarking-Objekte

Benchmarks können inhaltlich sehr unterschiedlich sein. Häufig werden monetäre oder nicht monetäre Kennzahlen als Benchmarks verwendet.

Beispiele:

Monetäre Kennzahlen	Nicht monetäre Kennzahlen
■ Kosten im Verhältnis zum Umsatz	■ Lieferzeiten
■ Umsatzrentabilität	■ Durchlaufzeiten
■ Umsatz pro Mitarbeiter	■ Anzahl Fehler
■ Logistikkosten	■ Anzahl Reklamationen
■ Prozesskosten	■ Anzahl Zwischenläger
■ Cash Flow	■ Umschlagshäufigkcit

Abb. 30: Beispiele für Benchmarks

Aber auch das fertige Produkt, die angebotene Dienstleistung oder Arbeitsprozesse können Benchmarks sein.

■ Arten des Benchmarking

Man kann Benchmarking nach verschiedenen Kriterien unterscheiden, nämlich nach

- dem Benchmarking-Objekt in: Prozess- oder Produkt-Benchmarking,
- dem Zeithorizont in: Strategisches, taktisches und operatives Benchmarking,
- der Zielsetzung in: Qualitäts-Benchmarking oder Kosten-Benchmarking.

Weit verbreitet ist auch die Unterscheidung nach dem Vergleichspartner in:

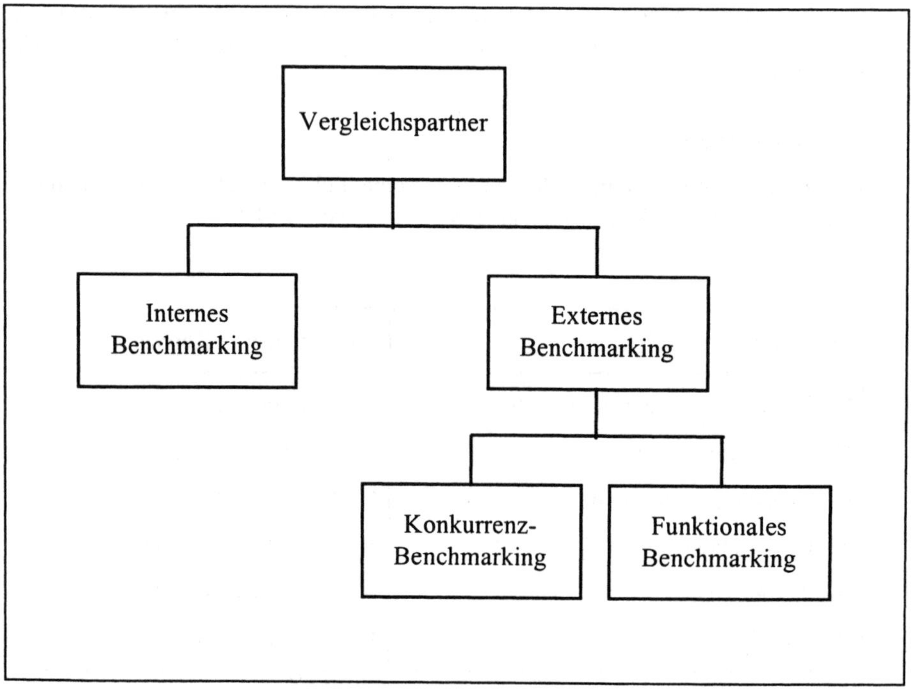

Abb. 31: Benchmarking-Arten nach dem Vergleichspartner

Zum internen Benchmarking

Beim internen Benchmarking werden die Benchmarking-Objekte verschiedener Sparten und Geschäftsbereiche eines Unternehmens miteinander verglichen. Internes Benchmarking kann aufdecken, dass es trotz zentralisierter Arbeitsanweisungen und Richtlinien häufig Unterschiede in den Arbeitsprozessen einer Organisation gibt. Diese Unterschiede sind das Ergebnis von geographischen oder entwicklungsgeschichtlichen Unterschieden, der Mentalität und Motivationsfähigkeit von Führungskräften sowie der Mentalität der Mitarbeiter an den verschiedenen Standorten. Internes Benchmarking kann ermitteln, dass einige der bestehenden Arbeitsprozesse in einem Bereich der Organisation effizienter ausgeführt werden, als in anderen Bereichen. Dadurch hilft es, den Leistungsstandard in der ganzen Organisation zu erhöhen. Internes Benchmarking wird häufig vor einem externen Benchmarking eingesetzt.

Zum externen Benchmarking

Beim externen Benchmarking werden Prozesse, Abläufe oder andere Benchmarking-Objekte des eigenen Unternehmens mit denen anderer Unternehmen verglichen. Dabei kann weiter unterschieden werden, ob es sich bei dem fremden Unternehmen um einen direkten Konkurrenten oder ein branchenfremdes Unternehmen handelt. Im ersten Fall spricht man von Konkurrenz-Benchmarking, im zweiten Fall von funktionalem Benchmarking.

Zum Konkurrenz-Benchmarking

Das Konkurrenz-Benchmarking hat eine besondere Bedeutung, weil die relative Marktposition des eigenen Unternehmens im Vergleich zum Wettbewerber ermittelt wird und man somit Transparenz über die eigene Stellung am Markt erhält. In vielen Fällen stellen die Geschäftspraktiken der Konkurrenten allerdings keine Weltklasse-Leistungen dar. Der Lernerfolg aus dem Benchmarking ist dann nicht optimal. Dennoch sind diese Informationen sinnvoll, weil sie das eigene Unternehmen mit Angaben versorgt, die sich wahrscheinlich auf die Meinung der Kunden, Lieferanten, Aktionäre etc. auswirken.

Zum funktionalen Benchmarking

Der Schlüssel zu langfristigem Erfolg liegt nicht in der Gleichheit mit der eigenen Konkurrenz, sondern in der Überlegenheit. Unternehmen müssen daher versuchen, vom „Weltmeister" (best practice) zu lernen bzw. zum „Weltmeister" zu werden. Hierfür eignet sich besonders das funktionale Benchmarking, das die eigenen Abläufe etc. mit denen branchenfremder Unternehmen vergleicht. So bieten sich z.B. in Forschung und Entwicklung best practices aus vielen Branchen an (vgl. dazu Glaß, 2001, S. 24):

- Simulation

  Unternehmen der Luft- und Raumfahrtindustrie sind Vorreiter für Simulationstechnologien. Der erste Prototyp muss bereits flugtauglich sein und provisorische Entwicklungsmuster können sich diese Unternehmen nicht leisten. Wenn also ein Unternehmen das Ziel hat, die Anzahl der Prototypen in der Entwicklung zu reduzieren, sollte es sich einen Benchmarking-Partner aus der Luft- und Raumfahrtindustrie suchen.

- Serienüberführung

  Für die Optimierung der Schnittstelle von der Entwicklung zur Produktion finden sich geeignete Benchmarking-Partner in der Computerindustrie. Ohne ein perfektioniertes Schnittstellenmanagement wären dort Einführungszeiten von neuen Prozessoren von einem Dreivierteljahr und weniger nicht denkbar.

- Marktnahe Produktentwicklung

  Dienstleistungsunternehmen in den USA sind führend, wenn es um die Kundenorientierung in der Entwicklung geht.

- Baukastensystematik

  Der Regalsystembau in der Möbelindustrie gibt zahlreiche Inputs für die Standardisierung von Bauteilen bzw. Komponenten.

- Projektmanagement

  Das bekannte Mammutprojekt des nächtlichen Flughafenumzugs von München I nach München II ist ein Beispiel für Spitzenleistungen in der Abwicklung komplexer, extrem zeitkritischer Großprojekte.

Durch die Übertragung überlegener Vorgehensweisen können Leistungssprünge erreicht werden, die mit Konkurrenz-Benchmarking oder internem Benchmarking nicht zu erzielen sind. So lernte z.B. die Firma Xerox vom weltgrößten Versender von Fischereizubehör, wie man den Ablauf „Kommissionierung von Kundenaufträgen" wesentlich einfacher, effizienter und billiger gestalten kann. Gerade diese Offenheit für bessere Abläufe und der Zwang zu kreativem Durchdenken der eigenen Prozesse zeichnet funktionales Benchmarking aus.

- **Bewertung der Benchmarking-Arten**

Zusammenfassend und ergänzend lassen sich die Benchmarking-Arten wie folgt bewerten (vgl. dazu Spendolini, 1992, S. 17 und Pieske, 1994, S. 20):

Art	Vorteile	Nachteile
Internes Benchmarking	■ relativ einfache und schnelle Datenerfassung durch Nutzung vorhandener Reporting-Systeme und einheitliche Datenbasis ■ geringe Kosten ■ Einbindung der Mitarbeiter erhöht die Akzeptanz ■ innerhalb des Unternehmens wird „eine Sprache“ gesprochen, wodurch Missverständnisse vermieden werden	■ Konkurrenz zwischen den einzelnen Unternehmensbereichen behindert den Benchmarking-Prozess ■ Betriebsblindheit, d.h. begrenzter Blickwinkel, wodurch „revolutionäre“ Lösungsansätze nicht durchdacht werden
Konkurrenz-Benchmarking	■ Relevanz der Informationen für das eigene Geschäft ■ vergleichbare Prozesse und Produkte ■ Eindeutige Positionierung im Vergleich zu den Mitbewerbern	■ bei relativ starken Unternehmen fehlende Vergleichspartner ■ relativ große Probleme bei der Informationsbeschaffung ■ Branchenblindheit, d.h. die Konkurrenz ist oftmals nicht der Weltbeste
Funktionales Benchmarking	■ relativ hohes Potenzial, neue branchenuntypischen Lösungen zu finden ■ Förderung der Kreativität im Unternehmen ■ einfacherer, offenerer Informationsaustausch, da kein Wettbewerbsverhältnis besteht ■ große Leistungssprünge werden möglich	■ geringere Prozess- und Produktvergleichbarkeit ■ hoher Aufwand bei der Anpassung gefundener Lösungen an das eigene Unternehmen ■ hoher Zeitaufwand

Abb. 32: Bewertung der Benchmarking-Arten

- **Der Benchmarking-Prozess**

In Anlehnung an A. T. Kearney (A Global Management Consulting Firm with offices in more than 60 cities and 35 countries, www.atkearney.com) vollzieht sich der Benchmarking-Prozess in acht Schritten (vgl. dazu auch Kreuz, 2002, S. 96-97):

1. Schritt

Zunächst wird ein Benchmarking-Team gebildet. Es sollte sich aus Mitarbeitern unterschiedlicher Abteilungen zusammensetzen, die auf den jeweiligen Gebieten Spezialisten sind.

2. Schritt

Danach sind die Benchmark-Objekte festzulegen und der Umfang des Benchmarking abzustimmen. Mögliche Benchmarking-Objekte sind Produkte, Kennzahlen, Abläufe (Teil- und Hauptprozesse), Kosten, etc..

3. Schritt

Sodann beginnt die Suche nach dem Benchmark-Partner bzw. die Beschaffung der Benchmarks. Quellen für Benchmarks beim Konkurrenz-Benchmarking oder beim funktionalen Benchmarking sind:

- Berichte,
- andere öffentlich zugängige Quellen, z.B. Branchen-Zahlen,
- Erfahrungen aus Firmenbesuchen („Intelligence Service“)
- Einschaltung neutraler Consultants,

  Diese Consultants führen gezielt Benchmark-Studien im Auftrag von Unternehmen durch, wobei die Anonymität der jeweils befragten, anderen Unternehmen gewahrt bleibt. Der Computerhersteller NCR (the networked computed resource of AT & T) ist diesen Weg erfolgreich gegangen, indem ein US Consulting Unternehmen eingeschaltet wurde.
- Gespräche mit anderen Unternehmen,
- Nutzung vorhandener Datenbanken.

4. Schritt

Im nächsten Schritt werden die eigenen Daten für den Vergleich aufbereitet und die Daten des Benchmarking-Partners zusammengetragen.

5. Schritt

Nun werden die Daten verglichen und Probleme analysiert. Dazu bieten sich verschiedene Benchmark-Techniken an, z.B.:

Drill-Down-Technik

Die Drill-Down-Technik ähnelt dem Vorgehen beim Aufstellen von Kennzahlensystemen. Man geht von oben nach unten vor. Ausgangspunkt ist der Vergleich des Benchmarks mit der eigenen Größe. Daran anschließend versucht man, schrittweise die Einflussfaktoren für die verglichene Größe offenzulegen und tastet sich damit immer näher an die eigentliche Ursache für die Abweichung heran.

Beispiele:

Die Telekom führte ein Benchmarking mit fünf anderen Telekommunikations-Unternehmen durch (British Telecom, France Telecom, Swedish Telecom, Nippon Telegraph and Telephon und Meritech Bell Atlantic). Dabei wurde u.a. festgestellt, dass die Investitionsquote der Telekom in den Jahren 1985 bis 1990 wesentlich höher war, als die der Vergleichsunternehmen.

$$\text{Investitionsquote} = \frac{\text{Nettoinvestitionen bei Sachanlagen}}{\text{Sachanlagevermögen zu historischen Anschaffungspreisen}}$$

Die Telekom hätte also technologisch besser entwickelt sein müssen, als die anderen Unternehmen. Das war aber nicht der Fall. Die Telekom hatte eher eine Folger- als eine Führerposition im Hinblick auf die technologische Ausstattung. Der Grund dafür war, dass die Telekom nicht zuletzt aufgrund industriepolitischer Vorgaben der Bundesrepublik Deutschland überhöhte Einkaufspreise an lokale Lieferanten zu zahlen hatte.

Zwei Unternehmen der Elektronikbranche haben ihre Entwicklungskosten miteinander verglichen. Daraus sollte ein Rückschluss auf die Fähigkeit der Unternehmen gezogen werden, in der Zukunft innovative und erfolgreiche Produkte auf den Markt bringen zu können. Im einen Unternehmen waren die Entwicklungskosten erheblich höher als im anderen Unternehmen. Daraus hätte man schließen können, dass das erstgenannte Unternehmen besser für die Zukunft auf den Märkten gerüstet war als das letztgenannte. Bei näherer Analyse zeigte sich jedoch, dass im erstgenannten Unternehmen die Werkzeugkonstruktion der Entwicklung zugeordnet war, im letztgenannten Unternehmen aber der Produktion (vgl. Glaß, 2001, S. 25). Folglich ließ sich aus den ausgewiesenen Entwicklungskosten nur bedingt auf die Entwicklungsaktivitäten der Unternehmen schließen. Über das Problem der Verfälschung von Kennzahlen durch willkürliche Kostenzuordnungen hinaus, hätte sich beim reinen Vergleich der Entwicklungskosten ein weiteres Problem ergeben können. Die Höhe der Entwicklungskosten sagt nicht immer etwas über die Fähigkeit aus, innovative und erfolgversprechende Produkte zu finden. Insbesondere in der IT-Branche erweisen sich viele Entwicklungsprojekte und damit deren Kosten als Fehlinvestitionen.

Traffic-lighting-Technik

Anhand von periodischen Vergleichen und dem Beobachten der Entwicklung der Benchmarks werden den untersuchten Größen die Ampelfarben rot, gelb und grün zugeordnet. Grün bedeutet, dass die Größe im unkritischen Bereich liegt. Sie wird dann im Benchmark-Prozess nicht weiter analysiert. Gelb bedeutet, dass die Größe im kritischen Bereich liegt und rot, dass der Bereich sehr kritisch ist. Gelbe und rote Größen werden dann mit Hilfe der Drill-Down-Technik weiter analysiert.

Kritische Werte am Beispiel der Ausbringungsmenge:

unter dem Break-Even-Point	sehr kritisch	rot
Break-Even-Point	kritisch	gelb
Über dem Break-Even-Point	unkritisch	grün

6. Schritt:

In diesem Schritt werden die Ziele des Unternehmens definiert und konkrete Maßnahmen zur Zielerreichung entwickelt. Dabei sind kreative Lösungen zu finden, mit denen das Unternehmen den Abstand zum Benchmarking-Partner verkürzen kann und letzlich selbst zu einem Spitzenunternehmen wird.

7. Schritt:

Schließlich erfolgt die Implementierung, d.h., die Maßnahmen zur Zielerreichung werden eingeleitet.

8. Schritt:

Abschließend werden die Ergebnisse des Benchmarking analysiert und diskutiert.

■ **Beispiel für einen Benchmarking-Prozess**

Der wirtschaftliche Erfolg neuer Produkte im Wettbewerbsmarkt hängt vom Treffen des gegebenen Marktfensters ab. Folglich ist die Entwicklungszeit (time-to-market) „rückwärts" vom Marktfenster zum Entwicklungsstart zu planen, wobei die Entwicklungszeit möglichst kurz sein sollte. Bei zu langen Entwicklungszeiten besteht die Gefahr, dass sich die Kundenbedürfnisse zwischenzeitlich ändern und das Produkt schon bei seinem Markteintritt technologisch veraltet ist (vgl. Iansiti/MacCormack, 2000, S. 116). Außerdem sind kurze Entwicklungszeiten auch aus Kostengründen anzuraten. Vor dem geschilderten Hintergrund ist das folgende Balkendiagramm zu sehen:

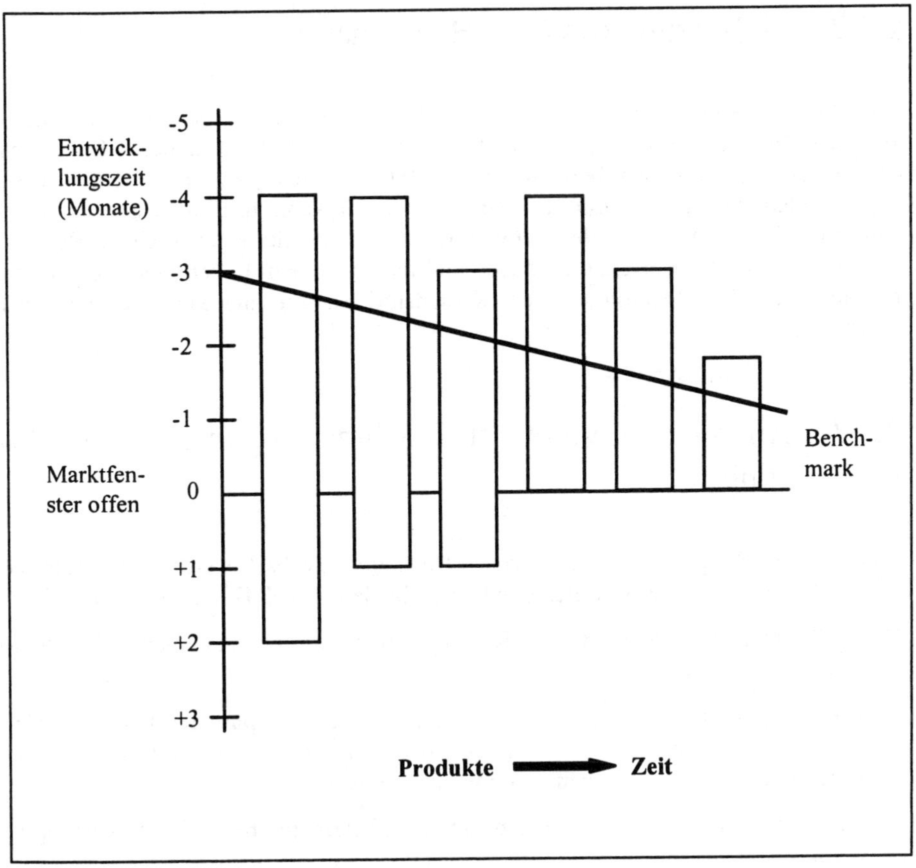

Abb. 33: Beispiel für einen Benchmarking-Prozess

Bei dem ersten Produkt wurde das Marktfenster nicht getroffen (+2) und die Entwicklungszeit war mit sechs Monaten viel zu lang. Das zeigt der Vergleich mit dem Benchmark, bei dem die Entwicklungszeit nur drei Monate betrug. Bei den letzten drei Produkten wurde das Marktfenster getroffen und die Entwicklungszeit reduziert. Beim letzten Produkt betrug sie nur noch zwei Monate. Sie ist aber immer noch nicht so gut wie der Benchmark, dessen Entwicklungszeit nur noch einen Monat beträgt. An diesem Beispiel kann man deutlich sehen, dass Benchmarks dynamische Parameter sind, die sich fortlaufend über die Zeit verbessern. Denn im Zeitablauf ist die Entwicklungszeit des Benchmarks von drei auf einen Monat gesunken.

2.5.2 Zielsetzung des Cost Benchmarking

Cost Benchmarking ist eine spezielle Form des Benchmarking, die primär auf die Senkung des Kostenniveaus ausgerichtet ist. Aus dem Vergleich mit anderen Unternehmen oder anderen Unternehmensbereichen sollen Informationen gewonnen werden, wie das eigene Unternehmen seine Kostenposition verbessern kann, um „der Beste der Besten" zu werden. Die Bestimmung der relativen Kostenposition des eigenen Unternehmens sowie die Analyse der Kostenunterschiede und ihrer Ursachen bilden den Ausgangspunkt für die angestrebte Beeinflussung der Kostenantriebskräfte und damit der eigenen Kostenstruktur.

2.5.3 Abgrenzung von Cost Benchmarking und Kaizen Costing

Cost Benchmarking darf nicht mit Kaizen Costing verwechselt werden. Die Instrumente weisen folgende Gemeinsamkeiten und Unterschiede auf (vgl. Horvath/Lamla, 1995):

- Beides sind Instrumente, die die Kostenposition eines Unternehmens vorteilhaft beeinflussen wollen.
- Ziel des Cost Benchmarking ist es, das Kostenniveau in spürbaren Quantensprüngen zu senken. Dagegen ist es das Ziel des Kaizen Costing, eine stetige Kostensenkung in kleinen Schritten zu erreichen (continuous improvement).
- Der Zeithorizont ist beim Cost Benchmarking langfristig, beim Kaizen Costing kurzfristig.
- Betrachtungsobjekte beim Cost Benchmarking sind die Kosten. Betrachtungsobjekte beim Kaizen Costing sind die im Unternehmen ablaufenden Prozesse.
- Cost Benchmarking wird durch ein Benchmarking-Team durchgeführt. Kaizen Costing wird von allen Mitarbeitern angewendet, besonders von denen der operativen Ebene. Im Zusammenhang mit der Einbeziehung aller Mitarbeiter in den Kaizen-Prozess spricht man auch von shopfloor-Verbesserungsmaßnahmen, die Ineffizienzen an den Arbeitsplätzen beseitigen sollen (vgl. Monden, 1999, S. 347). Ineffizienzen am Arbeitsplatz entstehen durch verschiedene Arten von Verschwendung (vgl. Monden, 1999, S. 348), z.B.
  - durch den übermäßige Einsatz von Produktionskapazitäten (z.B. zu viele Angestellte, zuviel Ausrüstung etc.),
  - bei zu hoher Produktion oder übermäßiger Vorarbeit,
  - durch unnötiger Transporte, überhöhtem Lagerbestand, übermäßiger Lagerverwaltung und übertriebenen Qualitätsüberprüfungen.

- Cost Benchmarking ist ein Instrument, das fallweise eingesetzt wird. Kaizen Costing wird dagegen ständig angewendet.
- Sofern Cost Benchmarking mit Konkurrenten oder branchenfremden Unternehmen durchgeführt wird, trägt es aus dem Markt abgeleitete Kostenziele in das Unternehmen herein. Das ist beim Kaizen Costing nicht der Fall.

2.5.4 Cost Benchmarking-Prozess

In der Literatur herrscht Einigkeit darüber, dass sich Cost Benchmarking und Prozesskostenrechnung gut ergänzen (vgl. z.B. Serfling/Schultze, 1997b). Der Grund dafür ist, dass Cost Benchmarking gerade in den indirekten Bereichen – also dem Einsatzgebiet der Prozesskostenrechnung – hohe Kostensenkungspotenziale verspricht. Das ist so, weil

- in diesen Bereichen Interessenkonflikte mit Konkurrenten geringer als in den direkten Bereichen sind, d.h. ein Konkurrenz-Benchmarking eher Aussicht auf Erfolg hat,
- ein branchenübergreifender Vergleich am ehesten möglich ist, d. h. Cost Benchmarking als funktionales Benchmarking ausgestaltet werden kann.

Daher erläutert das nachfolgende Beispiel den Cost Benchmarking-Prozess in Zusammenhang mit der Prozesskostenrechnung.

Beispiel (vgl. Horváth/Gleich/Lamla, 1993, S. 214-215):

Unternehmen A hat das Unternehmen B als Partner für ein Cost Benchmarking gewinnen können. Als Benchmarking-Objekt wurden die Kosten des Prozesses

Montageauftrag abwickeln

sowie seiner Subprozesse

Auftrag terminieren
Material disponieren
Arbeit verteilen und Arbeitspapiere bereitstellen
Arbeitsfortschritt überwachen

ausgewählt.

Die Kosten des Prozesses sowie seiner Subprozesse wurden bei beiden Unternehmen auf der Basis von Kostenanalysen nach der Prozesskostenrechnung ermittelt:

Benchmarking-Objekt	Unternehmen A	Unternehmen B	Differenz A/B
Prozess: „Montageauftrag abwickeln“	55,00 €	46,50 €	8,50 €
Subprozess: „Auftrag terminieren“	10,80 €	9,80 €	1,00 €
Subprozess: „Material disponieren“	22,70 €	17,20 €	5,50 €
Subprozess: „Arbeit verteilen und Arbeitspapiere bereitstellen“	12,90 €	10,90 €	2,00 €
Subprozess: „Arbeitsfortschritt überwachen“	8,60 €	8,60 €	0,00 €

Von den Subprozessen fällt vor allem der Prozess „Material disponieren“ ins Auge, weil seine Kosten bei Unternehmen B um 5,50 € bzw. ca. 25% niedriger sind, als bei Unternehmen A. Auf der Suche nach der Ursache für die Kostenabweichung zeigt sich, dass Unternehmen B ein hochmodernes, automatisches, zentral gelegenes Hochregallager hat. Unternehmen A hat dagegen dezentrale Läger, die umfangreiche Dispositions- und Logistikprozesse erforderlich machen. Daraufhin werden bei Unternehmen A folgende Kostensenkungsziele gesetzt:

- Kurzfristig sollen die Kosten des Subprozesses von 22,70 € auf 19,50 € gesenkt werden. Das soll dadurch erreicht werden, dass die bestehenden Läger und die Logistikprozesse optimiert werden.
- Langfristig sollen die Kosten des Subprozesses auf 16,20 € gesenkt werden. Das soll durch den Bau eines zentralen Hochregallagers erreicht werden. Das langfristige Kostenziel, das unter den Kosten des Unternehmens B liegt (17,20 €), resultiert aus der Philosophie des Benchmarking: Es geht nicht darum, so gut wie der Beste zu werden, sondern ihn zu überflügeln.

2.5.5 Kritische Würdigung

Als Vorteile des Benchmarking bzw. Benchmark Costing sind zu nennen:

- Durch den Vergleich mit dem Benchmark-Partner lernt man die eigenen Stärken und Schwächen kennen und kann somit die eigene Position im Wettbewerbsumfeld bestimmen.
- Benchmarking bzw. Cost Benchmarking sind Werkzeuge, um systematisch und ohne Zeitverlust von anderen zu lernen: Das Rad muss nicht immer wieder neu erfunden werden. Dabei geht es nicht darum, „Erfolgsrezepte“ anderer Unternehmen oder Be-

reiche einfach zu kopieren bzw. unreflektiert auf das eigene Problem anzuwenden. Es geht vielmehr darum, Abläufe, Prozesse etc. von Unternehmen, die auf einem bestimmten, speziellen Teilgebiet führend sind,

- kennenzulernen,
- mit den eigenen zu vergleichen,
- die wesentlichen Bestimmungsfaktoren der besseren Prozesse zu erkennen,
- diese sinnvoll neu zu kombinieren,
- an die Struktur und Kultur des eigenen Unternehmens anzupassen,
- zu implementieren

(vgl. hierzu wie zu dem Folgenden Walz/Bertels, 1995, S. 176-177).

Wesentliche Probleme des Benchmarking bzw. Cost Benchmarking sind Folgende:

- Der beste Benchmarking-Partner muss gefunden werden.
- Die Informationsbeschaffung kann sich als schwierig erweisen.

  In wettbewerbsintensiven Branchen wird häufig befürchtet, dass durch ein Konkurrenz-Benchmarking sensible Informationen über Erfolgsfaktoren und damit Wettbewerbsvorteile preisgegeben werden. Diese Eintrittsbarriere kann allerdings gesenkt werden, wenn die Teilnahme an einem Benchmarking-Projekt anonym bleibt. Die Wahrnehmung der gegenseitigen Anonymität der Teilnehmer wird durch Einschalten eines neutralen Vermittlers gewährleistet. Dieser übernimmt – in der Funktion eines Clearing-Centers – die Erhebung der Rohdaten und deren Aufbereitung sowie die Ermittlung und Weitergabe der anonymisierten Benchmarks.

  Häufig besteht ein Problem auch darin, dem Benchmarking-Partner keine adäquaten Gegenleistungen anbieten zu können.

- Nicht immer lässt sich die Vergleichbarkeit der Benchmark-Objekte mit den Benchmarks ohne weiteres herstellen. So verursacht z.B. ein Vergleich von Geschäftsprozessen „insbesondere im funktionalen Benchmarking, als überbetrieblicher Performancevergleich elementarer Prozesse oder Funktionen, große Schwierigkeiten, da sich diese Vergleiche i.d.R. auf unterschiedliche Branchen und Produkte beziehen." (Fraikin/Kaupp, 1998, S. 8).

In diesem Zusammenhang ist auch auf den sogenannten ABAGU-Effekt (Alles Ganz Anders Bei Uns-Effekt) bei den Mitarbeitern hinzuweisen, die sich vor Vergleichen fürchten, bei denen sie nicht als Beste abschneiden (vgl. Kreuz, 2002, S. 94). Der Effekt ist das größte Hindernis eines Benchmarking. Er lässt sich häufig erst dann abbauen, wenn „Best Practice Visits" organisiert werden, die die Mitarbeiter von der Qualität des Benchmarking-Partners überzeugen (vgl. Kreuz, 2002, S. 95).

Eng verbunden mit der Problematik ist die Schwierigkeit, die sich aus dem Benchmarking ergebenden Anpassungen bzw. Übertragungen auf eigene Strukturen und die eigene Kultur vorzunehmen.

- Die Implementierung – z.B. die Dokumentation der zentralen Merkmale der relevanten Abläufe sowohl beim Partner als auch im eigenen Unternehmen – ist aufwendig.

2.5.6 Integration von Target Costing, Prozesskostenrechnung und Cost Benchmarking

Die Kombination von Prozesskostenrechnung und Cost Benchmarking lässt sich zusätzlich um das Target Costing erweitern. Wie die Integration der drei Instrumente aussehen kann, beschreibt die Fallstudie VI.

Fallstudie VI: Kombination von Target Costing, Prozesskostenrechnung und Cost Benchmarking

(Die Daten des Target Costing sind angelehnt an Jacob, 1993, S. 170-176 bzw. Niemand, 1993, S. 328-331.)

Ein Unternehmen im Anlagenbau hat sich auf die Herstellung von Dosentrocknungsanlagen für die Getränkeindustrie spezialisiert. Es baut Anlagen, in denen gepresste und lackierte Dosen getrocknet werden. Das Unternehmen verhandelt mit einem Kunden über den Bau einer speziellen Trocknungsanlage mittlerer Leistung. Der Kunde erwartet, dass die Anlage folgende Hauptfunktionen erfüllt und hat sie ihrer Bedeutung nach gewichtet:

	Funktionen	Erläuterungen	Gewicht
F_1:	Wärmestrom	Voraussetzung für die Lacktrocknung	0,20
F_2:	Dosentransport	Die Dosen müssen die Anlage durchlaufen, d.h. sie müssen transportiert werden.	0,20
F_3:	Verfügbarkeit	Zeit in der die Anlage verfügbar ist. Nicht verfügbar ist sie z.B. bei störungsbedingten Ausfallzeiten sowie bei Wartung und Reparatur.	0,15
F_4:	Ausschuss	Menge der fehlerhaft getrockneten Dosen	0,10
F_5:	Anlagenleistung	Trocknungskapazität (Dosen/Minute)	0,10
F_6:	Betriebskosten	Kosten des laufenden Betriebs	0,10
F_7:	Anlagenvariabilität	Veränderlichkeit der Anlage	0,05
F_8:	Wartung	Bedarf an Wartung	0,10
Σ			1,00

Aus den Daten kann ersehen werden, dass für den Kunden nicht nur die klassischen Funktionen einer Dosentrocknungsanlage wie „Wärmestrom“ oder „Dosentransport“ von Bedeutung sind, sondern auch die Funktionen „Verfügbarkeit“, „Betriebskosten“ und „Ausschuss“. Für eine Anlage mit den genannten Merkmalen ist der Kunde bereit, 260 000 € zu bezahlen. Das Unternehmen strebt eine Umsatzrendite in Höhe von 10% an.

Zur Ausübung der Hauptfunktionen tragen folgende Produktkomponenten in folgendem Ausmaß bei:

	F_1	F_2	F_3	F_4	F_5	F_6	F_7	F_8
K_1: Transportband	0,1	0,4	0,2	0,2	0,25	0,3	0,2	0,35
K_2: Mess- und Regeltechnik	0,2	0,05	0,2	0,2	0,05	0,1		0,1
K_3: Heizanlage	0,6	0,1	0,2	0,3	0,25	0,3	0,4	0,25
K_4: Kühlzone		0,05	0,05	0,05	0,05	0,1		0,05
K_5: Gehäuse		0,05	0,1	0,05	0,05	0,05	0,1	0,15
K_6: Transfersystem	0,1	0,25	0,2	0,15	0,25	0,1	0,2	0,05
K_7: Abluftsystem		0,1	0,05	0,05	0,1	0,05	0,1	0,05
Summe	1,00	1,00	1,00	1,00	1,00	1,00	1,00	1,00

Erläuterungen:

- Das Transportband transportiert die Dosen durch die Trocknungsanlage.
- Die Mess- und Regeltechnik sorgt für die mechanische bzw. computergestützte Steuerung der Dosen innerhalb der Trocknungsanlage.
- Die Heizanlage trocknet die Dosen.
- In der Kühlzone werden die getrockneten Dosen gekühlt.
- Das Gehäuse umschließt die technischen Bauteile der Anlage.
- Das Transfersystem regelt die Übergabe der Dosen von der Druckmaschine – die die Dosen bedruckt und der Trocknungsanlage vorgeschaltet ist – auf die Trocknungsanlage.
- Das Abluftsystem regelt die Abluft.

- Beispiele für die Gewichtung:
  - Das Gehäuse trägt in keiner Weise zur Funktion 1: „Lack trocknen" bei. Daher weist die Komponente für die Funktion 1 den Wert 0 auf.
  - Jede Komponente kann die Ursache dafür sein, dass die Anlage fehlerhafte Dosen produziert. Allerdings hat z.B. ein Fehler in der Mess- und Regeltechnik eine wesentlich größere Menge an fehlerhaften Dosen zur Folge als ein Schaden am Gehäuse der Anlage. Daher trägt die Komponente K_2: Mess- und Regeltechnik in höherem Ausmaß (0,2) zur Realisierung der Funktion 4: „Ausschuss" bei, als die Komponente K_5: Gehäuse (0,05).

Bei der Ermittlung der Drifting Costs der Dosentrocknungsanlage bzw. ihrer Komponenten greift das Unternehmen auf seine bisherigen Erfahrungen bei der Herstellung von Trocknungsanlagen zurück und projiziert die aktuelle Kostensituation im Unternehmen auf das neue Produkt. Die Drifting Costs werden mit einer Vollkostenrechnung ermittelt, die wie folgt aufgebaut ist:

1. Ermittlung der Materialeinzelkosten für eigengefertigte Komponenten,
2. Ermittlung der Beschaffungspreise für fremdbezogene Komponenten,
3. Ermittlung der Fertigungs- bzw. Montagelöhne (Fertigungs- bzw. Montageeinzelkosten) sowie des Anteils an den Gemeinkosten der direkten Bereiche (z.B. Kosten für Werkzeuge, Hilfslöhne, Reparaturkosten) über die Bezugsgrößen
   - Rüststunden,
   - Maschinenstunden,
   - Fertigungsstunden,
   - Montagestunden,
4. prozessorientierte Ermittlung des Anteils an den Gemeinkosten der indirekten Bereiche (z.B. Materialbereich).

Im Einzelnen ist von folgenden Daten auszugehen:

- Das Unternehmen montiert die Anlage in 7 Fertigungsstufen. Dazu sind 30 Montagestunden und 20 Maschinenstunden erforderlich.
- Von den Produktkomponenten fertigt das Unternehmen nur die Heizanlage (K_3) selbst. Die Heizanlage ist eine Sonderanfertigung und wird daher in der Losgröße 1 hergestellt. Sie lässt sich weiter in folgende Baugruppen bzw. -teile untergliedern:
  - Brenner,
  - Brennkammer,
  - Ventilator,
  - Kompensator,
  - Heißluftauslasskanal,
  - Lenk- und Luftverteilbleche,
  - Rücklaufkanal.

- Zum Brenner
  - Der Brenner besteht aus 20 verschiedenen Fremdbezugsteilen. Davon sind 10 Teile Mehrfachverwendungsteile und werden jeweils in der Losgröße 100 zum durchschnittlichen Stückpreis von 500 € beschafft und eingelagert. Die restlichen 10 Teile werden von unterschiedlichen Lieferanten speziell für die Trocknungsanlage zum durchschnittlichen Stückpreis von 800 € beschafft und eingelagert.
  - Der Brenner wird in 10 Fertigungsstufen hergestellt. Die erforderlichen Komponenten bzw. Teile werden aus dem Lager kommissioniert. Zur Herstellung sind 4 Rüststunden, 70 Maschinenstunden und 80 Fertigungsstunden erforderlich.
  - Die Verrechnungssätze in den direkten Bereichen betragen:

50 €/Rüststunde
120 €/Maschinenstunde
100 €/Fertigungsstunde
90 €/Montagestunde

- Zu den restlichen Baugruppen bzw. -teilen für K_3

  Die restlichen Baugruppen bzw. -teile werden fremdbezogen. Dabei gilt:
  - Die Lenk- und Luftverteilbleche lassen sich in mehreren Trocknervarianten einsetzen. Sie werden jeweils in der Losgröße 100 zum durchschnittlichen Stückpreis von 10 € beschafft und eingelagert. Für die Trocknungsanlage werden 20 Bleche benötigt.
  - Die sonstigen Baugruppen bzw. -teile werden speziell für die Sonderanfertigung von unterschiedlichen Lieferanten beschafft und eingelagert. Dabei gilt:

	Brenn-kammer	Ventilator	Kompen-sator	Heißluft-auslasskanal	Rücklauf-kanal
Preis/Stück	12 000 €	6 000 €	5 000 €	4 000 €	4 000 €

- Die restlichen Komponenten werden fremdbezogen und ebenfalls eingelagert. Die Beschaffungspreise der fremdbezogenen Komponenten sind:

	K_1	K_2	K_4	K_5	K_6	K_7
Preis/Stück	55 000 €	27 000 €	12 000 €	16 000 €	31 000 €	15 000 €

- Auszug aus der Prozesskostenstellenrechnung:

Hauptprozesse (HP) und Teilprozesse (TP)		Kostentreiber	Prozesskostensätze der HP und TP
HP I:	**Fremdkomponenten bzw. -teile beschaffen**	**Zahl der Bestellungen**	**420 €**
TP 1:	Bestellungen abwickeln	Zahl der Bestellungen	200 €
TP 2:	Rechnungsprüfung	Zahl der Bestellungen	90 €
TP 3:	Marktbeobachtungen	Zahl der Bestellungen	130 €
HP II:	**Lagerverwaltung**	**Zahl der Stücklistenpositionen**	**80 €**
TP 1:	Dispositionen	Zahl der Stücklistenpositionen	30 €
TP 2:	Logistik	Zahl der Stücklistenpositionen	50 €
HP III:	**Fertigungs- bzw. Montageauftragssteuerung**	**Zahl der Fertigungsstufen**	**200 €**
TP 1:	Auftrag terminieren	Zahl der Fertigungsstufen	60 €
TP 2:	Arbeit verteilen und Arbeitspapiere erstellen	Zahl der Fertigungsstufen	70 €
TP 3:	Arbeitsfortschritt überwachen	Zahl der Fertigungsstufen	70 €
HP IV:	**Projektmanagement**	**Zahl der Projekte**	**840 €**
	:		
HP V:	**Kundenauftragsabwicklung**	**Zahl der Kundenaufträge**	**500 €**
	:		

Nachfolgend werden ermittelt:

- die Zielkosten der Trocknungsanlage,
- die Zielkosten i.e.S. der Trocknungsanlage,
- die Zielkostenanteile i.e.S. der Produktkomponenten,
- die Drifting Costs i.e.S. der Produktkomponenten.

1. Ermittlung der Zielkosten der Dosentrocknungsanlage

	Zielpreis	260 000 €
./.	10% Umsatzrendite	26 000 €
=	Zielkosten	234 000 €

2. Ermittlung der Zielkosten i. e. S.

	Zielkosten	234 000 €
./.	Montagekosten der Gesamtanlage in den direkten Bereichen → 30 Montagestunden x 90 € Montagestunde = → 20 Maschinenstunden x 120 €/Maschinenstunde =	 2 700 € 2 400 €
./.	Prozesskosten für Montage des Endprodukts (HP III) → 7 Fertigungsstufen x 200 €/Fertigungsstufe = 1 400 € → 1 400 € : 1 (Losgröße Endprodukt) =	 1 400 €
./.	Prozesskosten für die Einlagerung des Endprodukts (HP II) → 1 Stücklistenposition = 80 €	 80 €
./.	Prozesskosten Projektmanagement (HP IV)	840 €
./.	Prozesskosten für die Kommissionierung des Endprodukts (HP II) → 1 Stücklistenposition = 80 €	 80 €
./.	Prozesskosten Kundenauftragsabwicklung (HP V)	500 €
=	**Zielkosten i. e. S.**	**226 000 €**

3. Zielkostenspaltung

a. Ermittlung der Bedeutung der Komponenten

	F_1	F_2	F_3	F_4	F_5	F_6	F_7	F_8	Σ
K_1	0,1 x 0,2 = 0,02	0,4 x 0,2 = 0,08	0,2 x 0,15 = 0,03	0,2 x 0,1 = 0,02	0,25 x 0,1 = 0,025	0,3 x 0,1 = 0,03	0,2 x 0,05 = 0,01	0,35 x 0,1 = 0,035	0,25
K_2	0,2 x 0,2 = 0,04	0,05 x 0,2 = 0,01	0,2 x 0,15 = 0,03	0,2 x 0,1 = 0,02	0,05 x 0,1 = 0,005	0,1 x 0,1 = 0,01	0 x 0,05 = 0	0,1 x 0,1 = 0,01	0,125
K_3	0,6 x 0,2 = 0,12	0,1 x 0,2 = 0,02	0,2 x 0,15 = 0,03	0,3 x 0,1 = 0,03	0,25 x 0,1 = 0,025	0,3 x 0,1 = 0,03	0,4 x 0,05 = 0,02	0,25 x 0,1 = 0,025	0,3
K_4	0 x 0,2 = 0	0,05 x 0,2 = 0,01	0,05 x 0,15 = 0,0075	0,05 x 0,1 = 0,005	0,05 x 0,1 = 0,005	0,1 x 0,1 = 0,01	0 x 0,05 = 0	0,05 x 0,1 = 0,005	0,0425
K_5	0 x 0,2 = 0	0,05 x 0,2 = 0,01	0,1 x 0,15 = 0,015	0,05 x 0,1 = 0,005	0,05 x 0,1 = 0,005	0,05 x 0,1 = 0,005	0,1 x 0,05= 0,005	0,15 x 0,1 = 0,015	0,06
K_6	0,1 x 0,2 = 0,02	0,25 x 0,2 = 0,05	0,2 x 0,15 = 0,03	0,15 x 0,1 = 0,015	0,25 x 0,1 = 0,025	0,1 x 0,1 = 0,01	0,2 x 0,05= 0,01	0,05 x 0,1 = 0,005	0,165
K_7	0 x 0,2 = 0	0,1 x 0,2 = 0,02	0,05 x 0,15 = 0,0075	0,05 x 0,1 = 0,005	0,1 x 0,1 = 0,01	0,05 x 0,1 = 0,005	0,1 x 0,05 = 0,005	0,05 x 0,1 = 0,005	0,0575
Σ	0,2	0,2	0,15	0,1	0,1	0,1	0,05	0,1	1,00

b. Ermittlung der Zielkostenanteile i.e.S. der Produktkomponenten

Komponente	Bedeutung x Zielkosten i.e.S. =	Zielkostenanteil i.e.S.
K_1	0,25 x 226 000 € =	56 500 €
K_2	0,125 x 226 000 € =	28 250 €
K_3	0,3 x 226 000 € =	67 800 €
K_4	0,0425 x 226 000 € =	9 605 €
K_5	0,06 x 226 000 € =	13 560 €
K_6	0,165 x 226 000 € =	37 290 €
K_7	0,0575 x 226 000 € =	12 995 €
Summe		226 000 €

4. Ermittlung der Drifting Costs i.e.S. der Produktkomponenten

	K_1 (€)	K_2 (€)	K_3 (€)	K_4 (€)	K_5 (€)	K_6 (€)	K_7 (€)
1. Materialeinzelkosten der eigengefertigten Komponente							
Brenner							
10 Teile x 500 €/Teil = 5 000 €			5 000				
10 Teile x 800 €/Teil = 8 000 €			8 000				

	K_1 (€)	K_2 (€)	K_3 (€)	K_4 (€)	K_5 (€)	K_6 (€)	K_7 (€)
Restliche Baugruppen und -teile							
→ Lenk- u. Luftverteilbleche							
20 Bleche x 10 €/Blech = 200 €			200				
→ Brennkammer			12 000				
→ Ventilator			6 000				
→ Kompensator			5 000				
→ Heißluftkanal			4 000				
→ Rücklaufkanal			4 000				
2. Beschaffungspreise der fremdbezogenen Komponenten							
→ Preise	55 000	27 000		12 000	16 000	31 000	15 000
3. Fertigungs- bzw. Montagelöhne sowie Anteil an den Gemeinkosten der direkten Bereiche							
Brenner							
4 Rüststd. x 50 € /Rüststd. = 200 €			200				

	K_1 (€)	K_2 (€)	K_3 (€)	K_4 (€)	K_5 (€)	K_6 (€)	K_7 (€)
70 Masch.-Std. x 120 €/Std. = 8 400 €			8 400				
80 Fert.-Std. x 100 € /Std. = 8 000 €			8 000				
4. Prozesskosten der indirekten produktnahen Bereiche							
a. Fremdkomponenten bzw. -teile beschaffen (HP I)							
Beschaffungen für die Heizanlage (K_3)							
Brenner							
→ Mehrfachverwendungsteile							
420 €/Best. : 100 Teile/Best. = 4,20 €/Teil							
Bedarf für 1 K_3 = 10 Teile							
10 Teile x 4,20 €/Teil = 42 €			42				

	K_1 (€)	K_2 (€)	K_3 (€)	K_4 (€)	K_5 (€)	K_6 (€)	K_7 (€)
→ restliche Teile							
420 €/Best. : 1 Teil /Best. = 420 €/Teil							
Bedarf für 1 K_3 = 10 Teile							
10 Teile x 420 €/Teil = 4 200 €			4 200				
Restliche Baugruppen und Teile							
→ Lenk- und Luftverteilbleche							
420 €/Best. : 100 Teil/Best. = 4,20 €/Teil							
Bedarf für 1 K_3 = 20 Teile							
20 Teile x 4,20 €/Teil = 84 €			84				
→ Sonstige							
420 €/Best. : 1 Teil/Best. = 420 €/Teil							
→ Brennkammer			420				
→ Ventilator			420				
→ Kompensator			420				
→ Heißluftauslasskanal			420				
→ Rücklaufkanal			420				

	K_1 (€)	K_2 (€)	K_3 (€)	K_4 (€)	K_5 (€)	K_6 (€)	K_7 (€)
Beschaffungen der fremdbezogenen Komponenten							
420 €/Best. : 1 Komp. /Best. = 420 €/Komp.	420	420		420	420	420	420
b. Lagerverwaltung (HP II)							
Einlagerung der fremdbezogenen Teile für die Heiz-anlage (K_3)							
20 Teile für den Brenner							
+ 1 Brennkammmer							
+ 1 Ventilator							
+ 1 Kompensator							
+ 1 Heißluft.-Kanal							
+ 20 Lenk- und Luft-verteilbleche							
+ 1 Rücklaufkanal							
= 45 Stücklistenpos.							
80 €/Position x 45 Positionen = 3 600 €			3 600				
Einlagerung der fremdbezogenen Komponenten							
80 €/Position							

	K_1 (€)	K_2 (€)	K_3 (€)	K_4 (€)	K_5 (€)	K_6 (€)	K_7 (€)
Jede Komponente = 1 Stücklistenposition	80	80		80	80	80	80
Kommissionierung der fremdbezogenen Teile für die Heizanlage (K_3)							
20 Teile für den Brenner							
+ 1 Brennkammmer							
+ 1 Ventilator							
+ 1 Kompensator							
+ 1 Heißluft.-Kanal							
+ 20 Lenk- und Luftverteilbleche							
+ 1 Rücklaufkanal							
= 45 Stücklistenpos.							
80 €/Position x 45 Positionen = 3 600 €			3 600				
Einlagerung der Heizanlage							
80 €/Position			80				
Kommissionierung für das Endprodukt							
80 €/Position							
Jede Komponente = 1 Stücklistenposition	80	80	80	80	80	80	80

	K_1 (€)	K_2 (€)	K_3 (€)	K_4 (€)	K_5 (€)	K_6 (€)	K_7 (€)
c. Fertigungssteuerung der eigengefertigten Komponente (HP III) 200 €/Fert.-Stufe x 10 Fert.-Stufen = 2 000 € : 1 (Losgröße) = 2 000 €			2 000				
= Drifting Costs i.e.S. der P.-Komponenen	**55 580**	**27 580**	**76 586**	**12 580**	**16 580**	**31 580**	**15 580**

Die Drifting Costs i.e.S. der Gesamtanlage ergeben sich aus der Addition der Drifting Costs i.e.S. der Produktkomponenten. Im Beispiel betragen sie 236 066 €.

5. Gegenüberstellung der Zielkostenanteile i.e.S. und der Drifting Costs i.e.S. der Produktkomponenten

Komponente	Zielkostenanteil i.e.S.	Drifting Costs i.e.S.	Kostenüberschreitung/Funktionsverbesserungsbedarf
K_1	56 500 €	55 580 €	920 € Funktionsverbesserungsbedarf
K_2	28 250 €	27 580 €	670 € Funktionsverbesserungsbedarf
K_3	67 800 €	76 586 €	8 786 € Kostenüberschreitung
K_4	9 605 €	12 580 €	2 975 € Kostenüberschreitung
K_5	13 560 €	16 580 €	3 020 € Kostenüberschreitung
K_6	37 290 €	31 580 €	5 710 € Funktionsverbesserungsbedarf
K_7	12 995 €	15 580 €	2 585 € Kostenüberschreitung
Summe	226 000 €	236 066 €	10 066 € Kostenüberschreitung

Ergebnis:

Die Überschreitung der Zielkosten beträgt bei den Produktkomponenten in Summe 10 066 €. Das sind weniger als 5%. Vor diesem Hintergrund schließt das Unternehmen den Vertrag mit dem Kunden ab und setzt Cost Benchmarking ein, um die Zielkosten einzuhalten und den angestrebten Gewinn zu realisieren. Nachfolgend werden die Auswirkungen eines Cost Benchmarking beispielhaft für die Komponente mit der größten Zielkostenüberschreitung – das ist K_3 mit 8 786 € – dargestellt.

6. Cost Benchmarking

Um Ansatzpunkte für eine Reduktion der Kosten dieser Komponente zu bekommen, betreibt das Unternehmen ein Cost Benchmarking mit ausgewählten Konkurrenten. Das Cost Benchmarking führt u.a. zu folgenden Erkenntnissen:

1. Bei der Beschaffung von Fremdkomponenten bzw. -teilen setzt ein Konkurrent ein elektronisches Bestellsystem ein, das zu einer erheblichen Reduktion der durchschnittlichen Bestellabwicklungszeit und damit der Kosten des Teilprozesses „Bestellungen abwickeln" führt. Die Kosteneinsparung beim Konkurrenten wird mit 15% angegeben.
2. Derselbe Konkurrent verzichtet auf detaillierte Marktbeobachtungen. Er stellt seine Beobachtungen nur anhand von Verbandszahlen an. Dadurch hat er die Kosten des Teilprozesses „Marktbeobachtungen" um 50% senken können.
3. Ein Konkurrent setzt im Lager selbständig arbeitende Teams und leistungsfähigere Gabelstapler ein. Dadurch wird die Handlingzeit wesentlich reduziert und die Kosten für das Handling einer Stücklistenposition sinken um 20%.
4. Derselbe Konkurrent pflegt intensive Beziehungen zu seinen Zulieferern. Beide unterhalten gemeinsam besetzte Teams, die bei den Zulieferern nach Kostensenkungspotenzialen suchen. Durch diese Teams konnten z.B. die Ausschussquoten bei den Zulieferern gesenkt und der Einsatz von Werkzeugen reduziert werden. Die bei den Zulieferern erzielten Kostensenkungen werden zum Teil an den Konkurrenten weitergegeben. Das führt zu einer Reduktion der Beschaffungspreise um 10%.
5. Ein Konkurrent fertigt die Brenner der Heizanlagen in neun Fertigungsstufen. Dadurch sind weniger Fertigungssteuerungsprozesse erforderlich und der Bedarf an Rüst-, Maschinen- und Fertigungsstunden liegt durchschnittlich um 5% niedriger.

7. Ermittlung der möglichen Kosteneinsparungen

Bei konsequenter Übernahme der Verbesserungen sind folgende Kosteneinsparungen bei der Heizanlage (K_3) möglich:

	VOR Cost Benchmarking	Kostensenkung	NACH Cost Benchmarking
1. Materialeinzelkosten			
Brenner			
→ Mehrfachverwendungsteile Kosteneinsparpotenzial (vgl. 4.) 10% x 5 000 € = 500 €	5 000 €	500 €	4 500 €
→ spezielle Teile Kosteneinsparpotenzial (vgl. 4.) 10% x 8 000 € = 800 €	8 000 €	800 €	7 200 €
restliche Baugruppen bzw. –teile für K_3			
→ Lenk- und Luftverteilbleche Kosteneinsparpotenzial (vgl. 4.) 10% x 200 € = 20 €	200 €	20 €	180 €
→ Brennkammer Kosteneinsparpotenzial (vgl. 4.) 10% x 12 000 € = 1 200 €	12 000 €	1 200 €	10 800 €
→ Ventilator Kosteneinsparpotenzial (vgl. 4.) 10% x 6 000 € = 600 €	6 000 €	600 €	5 400 €
→ Kompensator Kosteneinsparpotenzial (vgl. 4.) 10% x 5 000 € = 500 €	5 000 €	500 €	4 500 €

	VOR Cost Benchmarking	Kostensenkung	NACH Cost Benchmarking
→ Heißluftkanal Kosteneinsparpotenzial (vgl. 4) 10% x 4 000 € = 400 €	4 000 €	400 €	3 600 €
→ Rücklaufkanal Kosteneinsparpotenzial (vgl. 4.) 10% x 4 000 € = 400 €	4 000 €	400 €	3 600 €
2. Fertigungs- bzw. Montagelöhne sowie Anteil an den Gemeinkosten der direkten Bereiche			
Brenner			
→ Rüststunden Kosteneinsparpotenzial (vgl. 5.) 5% x 4 Std. = 0,2 Std. 0,2 Std. x 50 €/Std. = 10 €	200 €	10 €	190 €
→ Maschinenstunden Kosteneinsparpotenzial (vgl. 5.) 5% x 70 Std. = 3,5 Std. 3,5 Std. x 120 €/Std. = 420 €	8 400 €	420 €	7 980 €
→ Fertigungsstunden Kosteneinsparpotenzial (vgl. 5.) 5% x 80 Std. = 4 Std. 4 Std. x 100 €/Std. = 400 €	8 000 €	400 €	7 600 €

	VOR Cost Benchmarking	Kostensenkung	NACH Cost Benchmarking
3. Prozesskosten der indirekten Bereiche **a. Fremdkomponenten bzw. -teile beschaffen (HP I)** → bisherige Prozesskostensätze HP I: 420 €/Bestellung TP 1: 200 €/Bestellung TP 2: 90 €/Bestellung TP 3: 130 €/Bestellung Kosteneinsparpotenzial bei TP 1 (vgl. 1.) 15% x 200 €/Best. = 30 €/Best. Kosteneinsparpotenzial bei TP 3 (vgl. 2.) 50% x 130 €/Best. = 65 €/Best. → neue Prozesskostensätze HP I: 325 €/Bestellung TP 1: 170 €/Bestellung TP 2: 90 €/Bestellung TP 3: 65 €/Bestellung **Brenner** → Mehrfachverwendungsteile 325 €/Best. : 100 Teile /Best. = 3,25 €/Teil Bedarf für 1 K_3 = 10 Teile 10 Teile x 3,25 €/Teil = 32,50 €	42 €	9,50 €	32,50 €

	VOR Cost Benchmarking	Kostensenkung	NACH Cost Benchmarking
→ restliche Teile 325 €/Best. : 1 Teil /Best. = 325 €/Teil Bedarf für 1 K_3 = 10 Teile 10 Teile x 325 €/Teil = 3 250 €	4 200 €	950 €	3 250 €
Restliche Baugruppen und Teile für K_3			
→ Lenk- und Luftverteilbleche 325 €/Best. : 100 Teil/Best. = 3,25 €/Teil Bedarf für 1 K_3 = 20 Teile 20 Teile x 3,25 €/Teil = 65 €	84 €	19 €	65 €
→ Sonstige 325 €/Best. : 1 Teil/Best. = 325 €/Teil			
→ Brennkammer 325 € → Ventilator 325 € → Kompensator 325 € → Heißluftauslasskanal 325 € → Rücklaufkanal 325 € 1 625 €	2 100 €	475 €	1 625 €

	VOR Cost Benchmarking	Kostensenkung	NACH Cost Benchmarking
b. Lagerverwaltung (HP II)			
→ bisheriger Prozesskostensatz			
HP II: 80 €/Stücklistenposition			
Kosteneinsparpotenzial bei HP II (vgl. 3.)			
20% x 80 €/Pos. = 16 €/Pos.			
→ neuer Prozesskostensatz			
HP II: 64 €/Stücklistenposition			
→ Einlagerung der Fremdteile für K_3			
64 €/Pos. x 45 Positionen = 2 880 €	3 600 €	720 €	2 880 €
→ Kommissionierung für K_3			
64 €/Pos. x 45 Positionen = 2 880 €	3 600 €	720 €	2 880 €
→ Einlagerung von K_3			
K_3 = 1 Stücklistenposition	80 €	16 €	64 €
→ Kommissionierung für das Endprodukt			
K_3 = 1 Stücklistenposition	80 €	16 €	64 €
c. Fertigungssteuerung (HP III)			
Kosteneinsparpotenzial: 1 Fert.-Stufe (vgl. 5.)			
9 F.-Stufen x 200 €/Fert.-Stufe = 1 800 €	2 000 €	200 €	1 800 €
Drifting Costs i.e.S. der Heizanlage K_3	76 586,0 €	8 375,5 €	68 210,5 €
Zielkostenanteil i.e.S.	67 800,0 €		67 800,0 €
Kostenüberschreitung	8 786,0 €		410,5 €

8. Ergebnis

Das Cost Benchmarking war erfolgreich. Bei der Heizanlage K_3 konnte die Abweichung der Drifting Costs i.e.S. von den Zielkosten i.e.S. von 8 786 € um 8 375,5 € auf 410,5 € reduziert werden. D.h., dass man dem Zielkostenanteil sehr nahe gekommen ist. Sofern die Heizungsanlage nach diesen Kostensenkungen innerhalb der Zielkostenzone des Zielkostenkontrolldiagramms liegt, sind keine weiteren Kostensenkungsbemühungen mehr erforderlich. Liegt sie außerhalb der Zielkostenszone, muss nach weiteren Kostensenkungspotenzialen gesucht werden (vgl. dazu noch einmal 2.3.5 Zielkostenkontrolldiagramm).

Literaturverzeichnis

Back-Hock, Andrea, Lebenszyklusorientiertes Produktcontrolling, Ansätze zur computergestützten Realisierung mit einer Rechnungswesen-Daten- und Methodenbank, Berlin u.a., 1988

Back-Hock, Andrea, Produktlebenszyklusorientierte Ergebnisrechnung, in: Handbuch Kostenrechnung, hrsg. v. W. Männel, Wiesbaden, 1992, S. 703-714

Braun, Stephan, Die Prozesskostenrechnung: Ein fortschrittliches Kostenrechnungssystem, Ludwigsburg/Berlin, 1994

Braun, Stephan, Die Prozesskostenrechnung: Ein fortschrittliches Kostenrechnungssystem, 2. Aufl., Ludwigsburg/Berlin, 1996

Bröckelmann, Jörg, Entscheidungsorientiertes Qualitätscontrolling: ein ganzheitliches Instrument der Qualitätssicherung, Wiesbaden, 1995

Brühl, Rolf, Informationen der Prozesskostenrechnung als Grundlage der Kostenkontrolle, in: krp – Kostenrechnungspraxis, 2 (1995), S. 73-79

Bucksch, Rolf/Rost , Peter, Einsatz der Wertanalyse zur Gestaltung erfolgreicher Produkte, in: zfbf, 37 (1985), S. 350-361

Busse von Colbe, Walther, Betriebsgröße und Unternehmungsgröße, in: Handwörterbuch der Betriebswirtschaft, hrsg. v. Erwin Grochla und Waldemar Wittmann, 4. Aufl., Stuttgart, 1984

Coenenberg, Adolf G./Fischer, Thomas, Prozeßkostenrechnung - Strategische Neuorientierung in der Kostenrechnung, in: Die Betriebswirtschaft, 51 (1991), S. 21-38

Coenenberg, Adolf G./Fischer, Thomas/Schmitz, Jochen, Target Costing und Product Life Cycle Costing als Instrumente des Kostenmanagements, in: Zeitschrift für Planung, 5 (1994), S. 1-38

Cooper, R./Kaplan, R. S., How Cost Accounting Distorts Product Costs, in: Management Accounting, Vol. 69 (1988), 4, S. 20-27

Corsten, Hans, Fixkostenabbau bei schrumpfenden Unternehmungen, in: WISU, 11 (1985), S. 531-536

Dallah, Nariman K./Yuspeh, Sonia, Forget the Product Life Cycle Concept!, in: Harvard Business Rewiew, 54 (1976), S. 102-112

Deisenhofer, Thomas, Marktorientierte Kostenplanung auf Basis von Erkenntnissen der Marktforschung bei der AUDI AG, in: Target Costing, hrsg. v. Péter Horváth, Stuttgart, 1993, S. 93-117

Dhillon, B. S., Life Cycle Costing, New York, 1989

Dögl, Rudolf, Plädoyer und methodischer Ansatz für eine Technikorientierung im Innovationsmanagement, in: Lernende Organisation, hrsg. v. Beate Kremin-Buch/Fritz Unger/Hartmut Walz, 2. Aufl., Sternenfels 2000, S. 113-146

Dreyfack, Raymond/Seibel, Johannes, Zero-Base-Budgeting, 2. Aufl., Zürich, 1978

Fraikin, Jeroen/Kaupp, Martin, Wettbewerbsorientiertes Benchmarking für Speditionen auf Basis des Internet, in: forum news, hrsg. v. Frankfurter Logistikforum e.V., November 1998, S. 1-13

Frankfurter Rundschau, Produzenten stärker in der Pflicht, 25. Mai 2000, S. 11

Franz, Klaus-Peter, Moderne Methoden der Kostenbeeinflussung, in: krp, 36 (1992), Heft 3, S. 127-134

Freidank, Carl-Christian, Target Costing und andere Konzepte im Werkzeugkasten des Controllerdienstes, in: Controlling-Konzepte, 4. Aufl., Wiesbaden, 1999, S. 354-391

Freimuth, Joachim, Varianten und Tendenzen des Gemeinkostenmanagements, in: WiSt, Heft 2 (1987), S. 98-103

Friatec AG, http://www.friatec.de/content/Germany/friatec_neu/finanzen/wertschoepfung/frame_under, 5.11.2003

Fröhling, Oliver, Thesen zur Prozeßkostenrechnung, in: ZfB, 62 (1992), Heft 7, S. 723-741

Fröhling, Oliver/Weis, Ekart, Thesen zum Kostenmanagement in den 90er Jahren, Schritte auf dem Weg zu einer dynamischen Marktkostenrechnung, in: Controlling, Heft 3, Mai/Juni 1992, S. 134-141

Glaser, Horst, Prozeßkostenrechnung - Darstellung und Kritik, in: zfbf, 44 (3/1992), S. 275-288

Glaß, Josef, Mit Benchmarking in Forschung und Entwicklung (F&E) den Entwicklungsprozess optimieren, in: krp – Kostenrechnungspraxis, 45 (2001), Heft 1, S. 23-27

Göpfert/Rummel, An Example of How to Implement Activity Accounting, Siemens AG, West Germany 1988

Güssow, Jan/Greulich, Andreas/Ott, Robert, Beurteilung und Einsatz der Prozesskostenrechnung als Antwort der Krankenhäuser auf die Einführung der DRGs, in: krp – Kostenrechnungspraxis, 46 (2002), Heft 3, S. 179-189

Hannig, Uwe, Data Warehouse und Managementinformationssysteme, Stuttgart, 1996

Hock, Bernhard, Target Costing in der Fernsehproduktion, in: ZfCM, 47 (2003), Heft 1, S. 68-73

Hohmann, Peter, Geschäftsprozesse und integrierte Anwendungssysteme, Prozessorientierung als Erfolgskonzept, Köln, 1999

Hoitsch, Hans-Jörg/ Goes, Sebastian/Burkhard, Markus, Zielkosten in der Stromversorgung, in: krp – Kostenrechnungspraxis, 45 (2001), Heft 3, S. 145-155

Horváth, Péter/Gleich, Ronald/Lamla, Joachim, Kostenrechnung in flexiblen Montagesystemen bei hoher Variantenvielfalt, in: WISU 3 (1993), S. 206-215

Horváth, Péter/Lamla, Joachim, Cost Benchmarking und Kaizen Costing, in: Handbuch Kosten- und Erfolgscontrolling, hrsg. v. Thomas Reichmann, München, 1995, S. 64-88

Horváth, Péter/Mayer, Reinhold, Prozesskostenrechnung – Der neue Weg zu mehr Kostentransparenz und wirkungsvolleren Unternehmensstrategien, in: Controlling, 4 (1989), S. 214-219

Horváth, Péter/Mayer, Reinhold, Prozesskostenrechnung – Konzeption und Entwicklungen, in: krp – Kostenrechnungspraxis, Sonderheft 2 (1993), S. 15-28

Horváth, Péter/Niemand, Stefan/Wolbold, Markus, Target Costing – State of the Art, in: Target Costing, hrsg. v. Péter Horváth, Stuttgart, 1993, S. 1-27

Horváth, Péter/Seidenschwarz, Werner/Sommerfeldt, Holger, Von Genka Kikaku bis Kaizen. Wie japanische Unternehmen ihre Kosten im Griff haben. Erfahrungen einer Japanreise mit deutschen Managern und Controllern, in: Controlling, 5 (1993), Heft. 1, S. 10-18

http://www.atkearny.com

Hummel, Siegfried/Männel, Wolfgang, Kostenrechnung 1, 4. Aufl., Wiesbaden, 1986, unveränderter Nachdruck Wiesbaden 1993

Huber, Rudolf, Gemeinkosten-Wertanalyse, 2. Aufl., Bern/Stuttgart, 1987

Iansiti, Marco/MacCormack, Alan, Produktentwicklung im Internet-Takt, in: Erfolg im E-Business, hrsg. v. Don Tapscott, München/Wien 2000, S. 114-129

Jacob, Frank, Target Costing im Anlagenbau - das Beispiel der LTG Lufttechnische GmbH, in: Target Costing, hrsg. v. Peter Horváth, Stuttgart, 1993, S. 155-190

Kajüter, Peter, Proaktives Kostenmanagment, Wiesbaden, 2000

Kampmann, Stefan, Bankkostenrechnung: Neukonzeption unter Einsatz der Prozesskostenrechnung, Wiesbaden, 1995

Kilger, Wolfgang, Grenzplankostenrechnung, in: Entwicklungslinien der Kosten- und Erlösrechnung, hrsg. v. Klaus Chmielewicz, Kommission Rechnungswesen im Verband der Hochschullehrer für Betriebswirtschaft e.V., Stuttgart, 1983, S. 57-81

Kilger, Wolfgang, Flexible Plankostenrechnung und Deckungsbeitragsrechnung, 9. Aufl., Wiesbaden, 1988

Kilger, Wolfgang, Flexible Plankostenrechnung und Deckungsbeitragsrechnung, bearbeitet durch Kurt Vikas, 10. Aufl., Wiesbaden, 1993

Koch, Jürgen, Ansätze zur Abbildung der zeitlichen Dimension von Entscheidungen in der Kostenrechnung, in: krp – Kostenrechnungspraxis, 2 (1986), S. 51-58

Kremin-Buch, Beate/Unger, Fritz/Walz, Hartmut (Hrsg.), Lernende Organisation, 2. Aufl., Sternenfels, 2000

Kreuz, Werner, Kosten-Benchmarking: Konzept und Praxisbeispiel, in: Kostenmanagement, Wertsteigerung durch systematische Kostensteuerung, 2. Aufl., Stuttgart, 2002, S. 91-103

Kucher, Eckhard/Simon, Hermann, Market Pricing als Basis des Target Costing, in: Kostenmanagement, Wertsteigerung durch systematische Kostensteuerung, 2. Aufl., Stuttgart, 2002, S. 187-206

Küpper, Hans-Ulrich, Verknüpfung von Investitions- und Kostenrechnung als Kern einer umfassenden Planungs- und Kontrollrechnung, in: BFuP, 42 (1990), S. 253-267

Lewicki, Bernhard, Target Costing für ein ganzheitliches Controlling, in: Der Betriebswirt, 41 (2000), H. 1, S. 29-34

Männel, Wolfgang, Kostenmanagement – Bedeutung und Aufgaben, in: krp – Kostenrechnungspraxis, 5 (1992), S. 289-291

Männel, Wolfgang, Entwicklungsperspektiven der Kostenrechnung, 2. Aufl., Lauf a. d. Pegnitz, 1996

Mannheimer Morgen, 3.4.2001, Nr. 78

Mayer, Reinhold, Prozeßkostenrechnung, in: krp – Kostenrechnungspraxis, 5 (1990), S. 307-312

Möhlmann, Thomas/Magatzki, Jan/Kadelbach, Isabel, Wertorientiertes Prozessmanagement – Ein Weg zur Steigerung des Economic Value, in: controller magazin, 6 (2000), S. 490- 495

Monden, Yasuhiro, Wege zur Kostensenkung, Target Costing und Kaizen Costing, München, 1999

Müller, Hansjörg/Wolbold, Markus, Target Costing im Entwicklungsbereich der „ElektroWerk AG", in: Target Costing, hrsg. v. Péter Horváth, Stuttgart, 1993, S. 119-153

Niemand, Stefan, Target Costing im Anlagenbau, in: krp – Kostenrechnungspraxis, 5 (1993), S. 327-332

Oecking, Georg, Strategisches und operatives Fixkostenmanagement, Möglichkeiten und Grenzen des theoretischen Konzeptes und der praktischen Umsetzung im Rahmen des Kosten- und Erfolgs-Controlling, München, 1994

Oecking, Georg, Kostenrechnung für das Fixkostenmanagement, in krp – Kostenrechnungspraxis, 5 (1995) (a), S. 253-259

Oecking, Georg, Datenbankgestütztes Vertragsmanagement, in: Handbuch Kosten- und Erfolgs-Controlling, hrsg. v. Thomas Reichmann, München, 1995 (b), S. 449-470

Pfeiffer, Werner/Weiß, Enno., Lean Management, 2. Aufl., Bielefeld, 1994

Pfohl, Hans-Christian/Wübbenhorst, Klaus, Lebenszykluskosten. Ursprung, Begriff und Gestaltungsvariablen, in: JfB – Journal für Betriebswirtschaft, 33 (1983), S. 142-155

Pieske, Reinhard, Benchmarking: das Lernen von anderen und seine Begrenzungen, in: io Management Zeitschrift, Heft 6, 1994, S. 19-23

Reckenfelderbäumer, Martin, Entwicklungsstand und Perspektiven der Prozesskostenrechnung, Wiesbaden, 1994

Reichmann, Thomas/Fröhling, Oliver, Integration von Prozesskostenrechnung und Fixkostenmanagement, in: krp – Kostenrechnungspraxis, Sonderheft 2 (1993), S. 63-73

Reichmann, Thomas/Oecking, Georg, Fixkostenmanagement auf Basis controllingorientierter Vertragsdatenbanken, in: Controlling, Heft 5, September/Oktober 1994, S. 252-261

Reiß, Michael/Corsten, Hans, Gestaltungsdomänen des Kostenmanagements, in: Handbuch Kostenrechnung, hrsg. v. W. Männel, Wiesbaden, 1992, S. 1478-1491

Remer, Detlef, Einführung der Prozesskostenrechnung: Grundlagen, Methodik, Einführung und Anwendung der verursachungsgerechten Gemeinkostenzurechnung, Friesenheim/Baden Baden, 1996

Riebel, Paul, Die Bereitschaftskosten in der entscheidungsorientierten Unternehmerrechnung, in: zfbf, 22 (1970), S. 372-386

Riebel, Paul, Zum Konzept einer zweckneutralen Grundrechnung, in: zfbf, 31 (1979), S. 785-798

Riebel, Paul, Ansätze und Entwiclungen des Rechnens mit relativen Einzelkosten und Deckungsbeiträgen (II), in: krp – Kostenrechnungspraxis, 6 (1984), S. 215-220

Riebel, Paul, Probleme der Abbildung zeitlicher Strukturen im Rechnungswesen, in: Zeitaspekte in betriebswirtschaftlicher Theorie und Praxis, hrsg. v. H. Hax/W. Kern/ H.-H. Schröder, Stuttgart, 1989, S. 61-67

Riebel, Paul, Einzelkosten- und Deckungsbeitragsrechnung, 6. Aufl., Wiesbaden, 1990

Rieger, Wilhelm, Einführung in die Privatwirtschaftslehre, Nürnberg, 1928

Sakurai, M., The Practice of Cost Management Systems in Japan, in: Business Review of Senshu University, No. 5, September 1992

Schirmer, Armin, Planung und Einführung eines neuen Produktes am Beispiel der Automobilindustrie, in: zfbf, 42 (1990), S. 892-907

Scholl, Roger, Ideen am Fließband: Mit Köpfchen Millionen sparen, in: Mannheimer Morgen, 3.4.2001, Nr. 78, S. 17

Seidenschwarz, Werner/Knust, Patrick, Target Costing im E-Business, in: Controlling, Heft. 8/9, August/September 2000, S. 425-431

Seldon, M. Robert, Life Cycle Costing: A Better Methode of Government Procurement, Boulder, 1979

Serfling, Klaus/Schultze, Ronald (1997a), Target Costing – Kundenorientierung in Kostenmanagement und Preiskalkulation, in: Frühzeitiges Kostenmanagement, Kalkulationsmethoden und DV-Unterstützung, hrsg. v. Wolfgang Männel, Wiesbaden, 1997

Serfling, Klaus/Schultze, Ronald (1997 b), Benchmarking als Tool der Unternehmensführung und des Kostenmanagements, in: krp – Kostenrechnungspraxis, Heft 4, 41(1997), S. 193-202

Shank, John K./Fisher, Joseph, Target Costing als preisstrategische Waffe, in: Harvard Business manager 3/2000, S. 96-107

Shields, M. D./Young, S. M., Managing Product Life Cycle Costs: An Organizational Model, in: Journal of Cost Management, Vol. 5, 1991, S. 39-52

Spendolini, Michael J., The benchmarking book, New York, AMACOM, 1992

Süverkrüp, Fritz, Die Abbaufähigkeit fixer Kosten, Grundlagen und Praxis der Betriebswirtschaft, Bd. 12, Berlin, 1968

Tomys, Anne-Katrin, Kostenorientiertes Qualitätsmanagement: Qualitätscontrolling zur ständigen Verbesserung der Unternehmensprozesse, München/Wien, 1995

Verein Deutscher Ingenieure, VDI-Richtlinie 2235, 1987

Walz, Hartmut/Bertels, Thomas, Das intelligente Unternehmen, Landsberg/Lech, 1995

Weigel, Günter, Porsche verzögert mit Keramik, in: Frankfurter Rundschau, 22.11.2000, Nr. 272, S. A 1

Wöhe, Günter, Einführung in die Allgemeine Betriebswirtschaftslehre, 19. Aufl., München, 1996

Wöhe, Günter, Einführung in die Allgemeine Betriebswirtschaftslehre, 20. Aufl., München, 2000

Womer, N.K., The Treatment of Risk in Analysis: A frameword for Discussion, in: Electronic Systems Effectivness an Life Cycle Costing, hrsg. v. J. K. Skwirzynski, Berlin u.a., 1983, S. 621-631

Wübbenhorst, Klaus, Konzept der Lebenszykluskosten. Grundlagen, Problemstellungen und technologische Zusammenhänge, Darmstadt, 1984

Zehbold, Cornelia, Frühzeitige, lebenszyklusbezogene Kostenbeeinflussung und Ergebnisrechnung, in: krp – Kostenrechnungspraxis, 40 (1996), S. 46-51

Ziegenbein, Klaus, Kompakt-Training Controlling, Ludwigshafen, 2001

Zimmermann, Gebhard/Grundmann, Ralf, Zur Anwendung des Target Costing in Kreditinstituten, in: Kreditwesen, 2 (2001), S. 25-31

Zirkler, Bernd, Kostentreiberanalysen für die Prozesskostenrechnung, in: krp – Kostenrechnungspraxis, 43 (1999), S. 352-355

Stichwortverzeichnis

G

I

K

T

U

V

W

Z

Mehr wissen – weiterkommen

Konzernabschluss nach internationalen Standards

Vom HGB zu IAS und US-GAAP
Vergleich der Rechnungslegungsprinzipien

Dieses Lehrbuch vermittelt das Basiswissen der Rechnungslegung nach HGB, IAS und US-GAAP klar und verständlich. Die Autorin vergleicht die deutschen Bestimmungen mit den internationalen Verfahren und arbeitet die Gemeinsamkeiten und Unterschiede heraus. Es zeigt sich, dass die verschiedenen Bilanzierungs- und Bewertungsregeln zu erheblichen Abweichungen in den Jahresabschlüssen der Unternehmen führen. Zahlreiche konkrete Beispiele erleichtern das Verständnis der Zusammenhänge.

Die dritte Auflage berücksichtigt wesentliche aktuelle Entwicklungen. Dazu gehören u. a. die neuen Regeln zur Goodwill-Bilanzierung nach US-GAAP und zur Bilanzierung von Wertpapieren nach IAS. Außerdem sind weitere Fallbeispiele aufgenommen worden, die der inhaltlichen Vertiefung der Materie dienen.

Beate Kremin-Buch
Internationale Rechnungslegung
Jahresabschluss nach HGB, IAS und US-GAAP
Grundlagen – Vergleich – Fallbeispiele
3., vollst. überarb. Aufl. 2002.
XVIII, 273 S. Mit 46 Abb.
17 x 24 cm, Br., EUR 25,90
ISBN 3-409-31496-2

Änderungen vorbehalten. Stand: Januar 2004

Gabler Verlag · Abraham-Lincoln-Str. 46 · 65189 Wiesbaden · www.gabler.de

GABLER

Wörterbuch für die Praxis

Finanz- und Rechnungswesen – jetzt auch mit IAS und US-GAAP

Übersetzungen und Erläuterungen von Fachbegriffen zum Internationalen Finanz- und Rechnungswesen in englisch/deutsch und deutsch/englisch

Die zunehmende Internationalisierung der Wirtschaft bringt es mit sich, dass sich immer mehr Führungskräfte mit internationalen Jahresabschlüssen nach IAS oder US-GAAP beschäftigen. „Fachbegriffe Internationale Rechnungslegung" hilft, die dabei auftretenden Sprachbarrieren zu überbrücken.
Mittels inhaltlicher Erläuterung der Begriffe, oft illustriert durch Beispiele, wird über die Übersetzung hinaus auch ein fachlicher Zusammenhang hergestellt, so dass dieses Werk auch zum Verständnis der unterschiedlichen Rechnungslegungssysteme beiträgt.

Götz Hohenstein/
Beate Kremin-Buch
Fachbegriffe Internationale Rechnungslegung
Englisch-Deutsch/
Deutsch-Englisch
inkl. IAS und US-GAAP
2., akt. u. erw. Aufl. 2002.
VI, 165 S.
Geb. EUR 49,00
ISBN 3-409-29950-5

Änderungen vorbehalten. Stand: Juli 2003.

Gabler Verlag · Abraham-Lincoln-Str. 46 · 65189 Wiesbaden · www.gabler.de

GABLER

Die neuen Seiten des Controlling

Kostenloses Probeheft unter:
Tel. 06 11.78 78-129
Fax 06 11.78 78-423

zfcm

Erfolgreiches Controlling

- **Fundiertes Know-How:**
  Die neue Fachzeitschrift „Controlling & Management" ist schnell, aktuell und lösungsorientiert und bietet für jeden Bedarf die richtige Informationstiefe.

- **Magazin:**
  Der neue Magazinteil liefert einen umfassenden Überblick über Themen, Trends, Tools, Unternehmen und Strategien, Köpfe und Meinungen.

- **Praxis:**
  Controlling & Management „Praxis" beschreibt fundiert Methoden, Instrumente und neue Entwicklungen des Controlling und enthält Praxisberichte zu aktuellen Themen.

- **Wissenschaft:**
  Controlling & Management „Wissenschaft" liefert den State of the Art aus Controlling-Forschung und Wissenschaft.

- **Nachgewiesene Kompetenz:**
  Der renommierte Herausgeber Prof. Dr. Jürgen Weber bringt die Experten der Community zusammen.

- **zfcm-online:**
  Mit einem Klick alles im Blick: Nutzen Sie unser Volltextarchiv im Internet: **www.zfcm.de**

Änderungen vorbehalten. Stand: Juli 2003.

Gabler Verlag · Abraham-Lincoln-Str. 46 · 65189 Wiesbaden · www.gabler.de

GABLER

Mit einem Klick alles im Blick

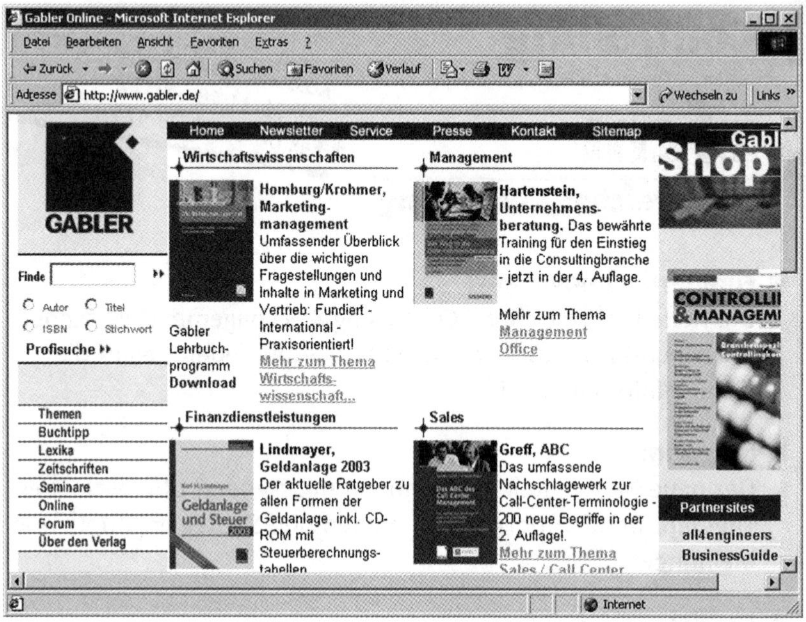

- Tagesaktuelle Informationen zu Büchern, Zeitschriften, Online-Angeboten, Seminaren und Konferenzen
- Leseproben - z. B. vom Gabler Wirtschaftslexikon -, Online-Archive unserer Fachzeitschriften, Aktualisierungsservice und Foliensammlungen für ausgewählte Buchtitel, Rezensionen, Newsletter zu verschiedenen Themen und weitere attraktive Angebote, z. B. unser Bookshop
- Zahlreiche Servicefunktionen mit dem direkten Klick zum Ansprechpartner im Verlag
- ***Klicken Sie mal rein: www.gabler.de***

Abraham-Lincoln-Str. 46
65189 Wiesbaden
Fax: 06 11.78 78-400

KOMPETENZ IN
SACHEN WIRTSCHAFT

GABLER